Wei Zhi Dao

政协德阳市委员会文化文史和学习委员会　编

德阳天府旅游美食与新派川菜

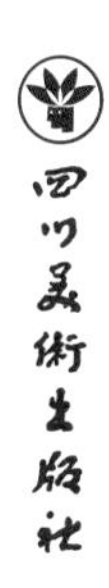

图书在版编目（CIP）数据

味之道：德阳天府旅游美食与新派川菜 / 政协德阳市委员会文化文史和学习委员会编. -- 成都：四川美术出版社，2023.10

ISBN 978-7-5740-0618-8

Ⅰ. ①味… Ⅱ. ①政… Ⅲ. ①饮食－文化－德阳 Ⅳ. ①TS971.202.713

中国国家版本馆CIP数据核字（2023）第183250号

味之道

——德阳天府旅游美食与新派川菜

WEI ZHI DAO

——DEYANG TIANFU LǙ YOU MEISHI YU XINPAI CHUANCAI

政协德阳市委员会文化文史和学习委员会 编

责任编辑 倪 瑶
责任校对 杨 东
责任印制 黎 伟
出版发行 四川美术出版社
地 址 成都市锦江区工业园区三色路238号
设计制作 成都圣立文化传播有限公司
印 刷 成都市兴雅致印务有限责任公司
成品尺寸 185mm×260mm
印 张 12.5
字 数 235千
图 幅 110幅
版 次 2023年10月第1版
印 次 2023年10月第1次印刷
书 号 ISBN 978-7-5740-0618-8
定 价 128.00元

味之道

德阳天府旅游美食与新派川菜

编委会

美食中的德阳秉性

政协德阳市委员会主席　何明俊

开启一地风物的钥匙是领略其美食。鼻息中、唇齿间的味道是最直观的体会，酸溜、甘甜、火辣等世间百味既丰富又绵长，让行人流连，让游子惦念。可以说，八方风貌、四季佳品都汇成了碗碟里的烟火人间。

浏览一地风情最快的途径是寻觅其美食。南米北面因气候物产而成俗，海味山珍因地利特色而出彩。“鲈肥菰脆调羹美，荞熟油新作饼香”“越浦黄柑嫩，吴溪紫蟹肥”“青藤缠绕曲院舞，香辣煮熟鲜丝连”，这些美食因诗句扬名，这些诗句因美味流芳。

体验一地风俗最妙的方式是品尝其美食。华夏地大物博，八大菜系各具特色、别具风味，共同形成了丰富多彩的中华饮食文化。鲁菜清香、鲜嫩、味纯，粤菜五滋、六味、精巧、广博等。川菜以麻、辣、鲜、香而闻名，回锅肉、麻婆豆腐、鱼香肉丝、夫妻肺片等菜肴早已家喻户晓又广受百姓喜爱，还有热气腾腾的火锅、各式各样的小吃，体现出四川热情丰满、安逸自在的风韵。

美食是一页页生动的无字之书。怀抱鲤有循礼相敬的典故，东坡肉有官民同乐的渊源；“夫礼之初，始诸饮食”体现了坚守的礼仪文化；“食不厌精，脍不厌细”包含着人们所追求的生活品位；“围炉聚炊欢呼处，百味消融小釜中”反映出待客的欢快热闹……自古以来，美食吸引人们去记录美味、分享美好、传播文化，因而出现了《食珍录》《食经》《本心斋食谱》《随园食单》等古代饮食专著。

德阳物产丰饶、人文荟萃，境内清代名仕李化楠所著的美食集《醒园录》中，不仅记录有120多道菜品，还对烹饪方法做了详尽阐述，成为引领川菜菜系发展的一段佳话。《醒园录》以降，德阳美食渐渐自成风格，当下德阳美食不仅继承了民间传统美食，新派美食家还打开了锐意创新的局面。孝泉裹汁牛肉、缠丝兔等非遗美食能品出传统味道，回锅鲍鱼、金橘大伞牛肉等创新川菜展现的则是大众的口味——守正与创新相结合，固本与开拓不背离。《味之道·德阳天府旅游美食与新派川菜》一书的意义，并不执着于集中展示德阳美食全貌，而在于从中呈现重传统又善开拓、守正道又勇创新的德阳风格、德阳秉性。

CONTENTS

目录

CONTENTS

CONTENTS

味之道
WEI ZHI DAO

浅谈德阳天府旅游美食

王海燕

位于成都平原东北部，北纬30°～31°、东经103°～105°的德阳，处于龙门山脉向四川盆地的过渡带，西北部为山地垂直气候，东南部为中亚热带湿润季风气候。这里气候温和，四季分明，沃壤千里，宜于农耕，既是天府之国的核心地带，又为美食的产生奠定了坚实的自然基础。

德阳境内有被誉为世界第九大奇迹的三星堆文明，沉睡数千年，一醒惊天下；历史上的德阳，名人辈出，如星辰灿烂，四川省第二批历史文化名人、“川菜川剧之父”李调元的故乡就在德阳。厚重的人文历史积淀，为丰富的美食注入了丰厚的文化内涵。

同时，德阳作为一座移民城市，历史上著名的“湖广填川”及三线建设，为德阳本土美食注入了全新的元素，形成独有的风格。

2021年初，由全省市、区（市、县）文旅部门组织，广大餐饮企业、行业协会、非遗项目保护单位积极申报推荐，各市（州）人民政府批准同意，四川省文旅厅收录全省21个市州的809道美食进入天府旅游美食名录。德阳进入名录的具有代表性的地方特色菜品、特色小吃、特色饮品共计43道，其中糯米咸鹅蛋、八宝油糕、连山回锅肉、中江挂面被评选为省级天府旅游美食。

德阳天府旅游美食名单：连山回锅肉、糯米咸鹅蛋、坐杠大刀金丝面、八宝油糕、剑南春、什邡红白茶、冰川矿泉水、蓥华山腊肉、什邡红白豆干、翡翠豆腐、鲜南瓜饼、什邡板鸭、什邡米粉、广汉炬炬鸭、缠丝兔、广味玫瑰香肠、孝泉果汁牛肉、孝泉麻饼、黄许鹿头皮蛋、黄许哑巴兔、罗江豆鸡、九果原浆、原味酱香卤牛肉、桃酥、绵竹串串香、绵竹板鸭、绵竹米粉、酱香卤牛肉、川西坝子干锅、玫瑰酱鸭、鲜玉米饼、唐鲫鱼、清蒸牛肉饺子、德新鲜花饼、甜水面、香酥牛肉丸、牛肉酱香包、德新烧鸭、德新泉水鱼、花生酥、鲜红苕饼、金面子、中江手工挂面。

文化与美食是文旅的两大精神内核。德阳天府旅游美食选料、切配、烹饪等技艺历经世代的传承、演变、融合，口味咸甜适中，口感软糯劲道，充分体现了德阳文化注重传统、崇尚自然、海纳百川的特色。融历史文化性、口感大众化、制作个性化于一体的德阳天府旅游美食，既充分满足了普通市民家常餐桌所需，又深受各类美食爱好者的欢迎。

王海燕，国家艺术基金评委专家，省非遗协会会员。现供职于德阳市文旅局。

鲜花饼

xiānhuā bǐng

早在唐代，就有牡丹饼、菊花饼、松黄饼、芙蓉饼、贵妃红等鲜花饼的记载。由于发酵技术的普及，牡丹之类的鲜花饼到了宋代更为兴盛，牡丹饼、桂花饼、菊花饼等都曾是东京（开封）街头的市井糕点。

现在我们说到鲜花饼，首先想到的是四季花开的云南。在云南，玫瑰花不一定只代表爱情，它更能代表美味的玫瑰鲜花饼。鲜花饼是一款以云南特有的食用玫瑰花入料的酥饼，融“花味、云南味”为一体的云南经典点心的代表。

近代滇式鲜花饼就是以1945年昆明冠生园生产的鲜花饼为起源，并发展至今的。当年在昆明的西坝，冠生园还专门开辟一块地种植食用玫瑰花用来加工鲜花饼。

云南大量种植的是一款名为墨红的重瓣玫瑰。这种玫瑰对气候、海拔、光照等自然条件有严格要求，所以阳光充足、土壤肥沃、拥有高原气候的云南地区成为国内墨红玫瑰的主产地。云南得天独厚的自然条件造就了高品质的墨红玫瑰，它是食用玫瑰中的优良品种，以其花冠大、清香馥郁、花青素含量高而著称，被称为“花中爱马仕”。

云南鲜花饼以“嘉华”为品牌代表，德阳市旌阳区德新镇富贵食品厂的张思富，学艺于云南糕点师，2010年把云南玫瑰鲜花饼的生产工艺引入德阳。工厂每年仅玫瑰鲜花饼这一个品种就有600万～700万元的营业收入，经销商有80多家，是德阳市鲜花饼生产和销售大户。

玫瑰玫瑰　我吃你

刘　萍

“朝饮木兰之坠露兮，夕餐秋菊之落英”，如果说这是诗人屈原的精神大餐，清雅又脱俗，那么以花入馔，则是人们对花儿朴素的热爱了。

赏花是精神享受，食花是口腹之福，其中妙处，就在于既有上接仙气之风雅，又有下接地气之实在。

2010年，四川游客张思富到云南丽江旅游，看过了小桥流水，爬上了玉龙雪山，眼前固然是风光无限，却都不及街头糕点铺里飘出的浓浓香味吸引人。这家店铺显然知道如何抓住客人的心，一边播放着玫瑰花的香艳视频，一边现场制作鲜花饼。张思富一头钻进小铺，拱手就要拜师。终于经过软磨硬泡后，云南师父宋坤和收下了四川徒弟张思富。就这样，德阳人张思富第一次与玫瑰花打上了交道。此前，他自家的食品工厂生产的主要产品是沙琪玛。

张思富从云南学会了做鲜花饼的手艺，也是从那时开始，他逐渐摸索出了玫瑰的性格。这种蔷薇科植物，有明艳的花朵和醉人的香气，用作食材，需要手艺人充分认识它们各自的特点。在自家食品厂的生产车间，在酥皮和奶油味中，张思富能够敏锐地捕捉到如丝如缕的玫瑰香气，他甚至能准确地指出这一批玫瑰来自哪里。

“这是我们自己种的大马士革。”

大马士革玫瑰又名突厥蔷薇，属古典庭院玫瑰，丛生灌木植物，原产于叙利亚，后传入中欧。大马士革玫瑰是保加利亚种植的主要玫瑰品种，也是世界公认的优质玫瑰品种。叶片为灰绿色，花茎上有硬毛；重瓣，花瓣边缘颜色稍浅，有绸缎般的质感；纯粹、细致的花香使其冠压群芳，成为食用玫瑰中的上品。在旌阳区德新镇的和海旁边，张思富种了100多亩大马士革玫瑰，每年3月底，工人们会在晨曦初露时进到玫瑰园，剪下含苞待放的玫瑰花朵，这是富贵食品厂主打产品鲜花饼的重要原料。张思富认真地说：“必须在花朵完全打开之前采摘，花一旦完全开放，香气就散了。”

这真的是花开不多时，堪折直须折，难怪慕名而来的游客大多只能看到绿叶间若隐若现的花蕾，而不是他们想象中大片的玫瑰花海。那些玫瑰如羞怯的新娘，早已经在太阳出来之前就被采摘了。用这种玫瑰做主要馅料的鲜花饼，自然芳名远播。娇嫩的玫瑰被送到车间，等待它们的是白糖和蜂蜜的浸润，甜蜜和芳香一经相遇，浓郁芬芳的层次更为丰富。馅料中糖与花比例很关键，馅料中糖与玫瑰比例为1:1，甚至更高，精确到每一个饼，大概应该有二到三朵玫瑰。

每年3月到6月，是张思富工厂的旺季。自产的大马士革玫瑰远远不够，这时就需要玫瑰家族的其他成员来帮忙了。张思富脑子里有一幅中国玫瑰地图，除了大马士革玫瑰，山东的平阴玫瑰和甘肃的苦水玫瑰也是食用玫瑰中的佳品。

山东省平阴县境内玉带河流域四周环山，中间谷地狭长，气候温和。特殊的地形和气候，造就了浓郁芳香的平阴玫瑰。平阴县被称为“玫瑰之乡”。这里的重瓣红玫瑰，不仅栽培历史悠久，而且以花大瓣厚色艳、香气纯正甜浓等特点，被称为中国传统玫瑰的代表。

甘肃的苦水玫瑰是钝齿蔷薇和中国传统玫瑰的自然杂交种，中国四大玫瑰品系之一，世界上稀有的高原富硒玫瑰品种。苦水玫瑰是农业部认证的农产品地理标志产品和无公害农产品。

说起玫瑰，张思富兴致颇高。一方水土一方人，一方水土一朵玫瑰，无论是域外血统的大马士革，还是源自中国本土的平阴和苦水玫瑰，它们各有各的芳香和甜蜜。由酥皮的浸润包裹再到高温的烘焙，这些玫瑰终于变成了那枚酥饼中最里层的核心，咬下酥软的外皮，让它细碎又温柔

地钻进口腔，而当舌尖接触到温润甘甜的馅料，玫瑰香气直沁人心，芬芳和甜蜜联合起来，攻击味蕾的同时也按摩心灵。那一刻，身体和精神都得到了舒适的满足。

如果说正餐是身体的必需品，那么甜品就是灵魂的安慰剂。甜是一种味觉上的感受，又是一种愉悦安宁的情绪。现代技术的进步，让糖分的提取变得容易，然而，自然的、本初的甜味却依然细腻又珍贵。以玫瑰花瓣做馅儿的鲜花饼让人喜欢，不光是因为它又香又甜，还因为它让人想起春天、阳光、田野、风和植物，让人短暂地重返自然。

张思富的食品工厂被一片金黄的油菜地环绕着，蜜蜂在窗外的油菜花丛中飞舞，阳光很是灿烂。采访结束，张思富热情地送给我们一袋玫瑰花瓣，客气推让间，56岁的张思富笑了，他说：“莫客气，这是我自己地里种的，相当于红苕。”

张思富的话很质朴，他种的玫瑰香气特别馥郁，用这种玫瑰做的鲜花饼，甜蜜得让人想起初恋。

广汉缠丝兔

chán sī tù

“德阳酱油保宁醋，什邡板鸭广汉兔。”

广汉地处天府之国成都平原的腹心地带，河流纵横，气候温润，年平均气温16℃左右，一年四季草木葱茏，适宜的温度和丰富的物产，非常适合兔子的生长。广汉人从明清起就养兔、食兔，到现在三四百年不衰，其中尤以缠丝兔独具特色，驰名省内外。

清嘉庆十七年（1812年）起，广汉人便由吃鲜兔发展到制作腌兔，品种有红兔、盐兔、五香兔。1945年，德阳人邓财发将腌兔以绳缠捆挂杆集市叫卖，引人注目，买者甚众。1946年，广汉人刘家富取其缠捆之长，用十种香料加白糖、白酒、豆豉、上等豆油、姜汁等调和，用鸡毛刷将佐料刷入兔腹，再以细麻线缠捆全身（封闭），使其不散失香气。入缸封存半日，取出晾干。若食，入锅煮成即可；不食，缠线封闭，日久不变味。食者感其线缠兔子，取名“缠丝兔”。一传十，十传百，缠丝兔就在广汉城乡、川西坝子叫响了，销量大增，成了腌兔中的上品。

广汉缠丝兔的制作，首先是挑选3斤半到4斤的健康兔子，因为这个重量的兔子刚刚成年，肉质细腻。选好的兔子去皮除脏洗净，用18种香料混合腌制24小时。晾干整形后，再用鸡毛刷将调制的酱料刷入兔腹内，然后用3米左右的麻绳从颈部开始缠绕，缠丝后的兔体通风晾干6～7小时，最后是悬挂烘烤。这样费工费时制作出的

广汉缠丝兔，形态完整，从颈部至后腿呈螺旋形缠绕，腹部缠紧不漏料，体表呈红棕色，有光泽，无黏液，无霉点；肌肉丰满，切面紧密，肉质略有弹性，营养价值高，是馈赠亲朋好友的上佳食品。

2012年，广汉缠丝兔被列入“国家农产品地理标志保护行列”；2023年4月，广汉缠丝兔制作技艺入选省级非物质文化遗产。目前，广汉市纳入统计的缠丝兔生产企业共计7家，该产业年产值超亿元，是非遗文化助力产业发展的典范。其中，成立于1997年7月的广汉熊家婆食品有限责任公司是同业中的佼佼者。公司产品连续多年荣获四川名优特产品，是群众喜爱的四川老字号商品。2005年，“熊家婆”牌缠丝兔在第二届中国西部国际农业博览会上荣获金奖，2007年被四川省商务厅认定为“四川老字号”。近年来，除传统腌腊制品外，公司持续研发推出新品种，各种品类的熟食、罐头及旅游休闲食品远销海内外。

一根麻绳“缠”出大产业

刘春梅

广汉有着悠久的历史，从古老神秘的三星堆到“农村改革第一乡”的向阳镇，广汉人从来不缺创新精神。在食物的制作上涌现出奇思妙想，并不让人感觉意外。第一个用麻绳将腌制好的兔子“五花大绑”的人，或许并没有意识到，他不仅发明了一种特殊的美味烹饪法，同时也展现出一种视觉奇观。

在广汉，这根麻绳还“缠”出了一个年产值超亿元的大产业。这不能不提到一个女人，人称“熊家婆”的熊智惠。

熊智惠从十几岁就开始接触缠丝兔制作，是缠丝兔第三代传承人。熟悉她的人都知道，熊智惠做起事来是个十足的细节控，每一处细节认真到了苛刻的地步。从选兔子开始，到最后切块摆盘，坚持一套独到的标准。光说这根麻绳就很不一般，必须产自崇州，不粗不细的0.3厘米，闻起来有清香味，经过消毒、蒸煮变得柔软，在缠捆过程中不致刮破兔肉，保持兔肉光滑完整。缠的时候也有讲究，必须从头部开始往下缠，间隔1厘米为一圈，对不同部位缠的力度要精确拿捏，否则也会影响到兔肉的口感。这样细致的做工，堪比在兔肉上绣花，真正做到了“食不厌精，脍不厌细”。而“熊家婆”缠丝兔最核心的技术——18种腌制香料，至今公开的只有12种，另外几种用料被视为机密，秘不外宣。每种香料经她亲自尝味后再认准购买，海南的胡椒、汉源的花椒、广西的桂皮……都必须是最好的品质。

虽说现在已经有了现代化的烘烤设备，然而“熊家婆”并没有抛弃老祖宗传下来的古法——用玉米芯做燃料进行烘烤。师傅用手奋力摇动牵引绳，带动烤架快速旋转，烤架上的十来只兔子在烟熏火燎中腾挪翻飞，这一过程持续长达1个小时。盖因受了“五花大绑”，在烘烤温度达到80℃～85℃时，调制出的香味散发开来，从肚腹跑入肉里，钻进骨头里，最大限度地锁住了美味，不致流失于体外。烘烤后的兔子变得明媚艳丽，如同化妆打扮了一番，表皮又红又亮，光鲜诱人。

经过两次去腥提鲜、增香入味后，一只缠丝兔制作完成。再经过蒸熟、松绑，即可食用。目睹一道食物如此奇特的烹制过程，早已令人食指大动，迫不及待地夹一块红亮亮的兔肉入口。第一感觉，这肉瘦而不柴，鲜而不腥；再细细品之，柔嫩干爽，滑韧回甘，郁而不腻，绵长有弹性，越嚼越有味，直叫人口齿生香，有飘飘欲仙之感。想必是那18种草木香料，相爱相杀、相生相克，最后才炼制出这独特的人间至味吧。对热衷于保持好身材的女士来说，在美味的缠丝兔面前也不必担心，兔肉有着高蛋白、低脂肪、低热量的特点，完全可以敞吃。据说，广汉缠丝兔有两种吃法：一种是用刀切成块状装盘上席桌；另一种吃法则相当接地气，以手撕之喂食。雅俗由人，全看个人喜好。

年过花甲的熊智惠，穿着入时体面，外表硬朗干练，做事一丝不苟。每天清晨6：30到公司，数十年如一日，对于缠丝兔调制的关键环节，始终亲力亲为。生产中遇到什么疑难杂症，公司上下唯有找她出马救火。一看就是那种很有魄力的能干女人，自带强大气场。20多年来，她从500元起家创业，带领一家濒临倒闭的公司在市场上左冲右杀，突出重围，发展成为年产值数千万的龙头企业，这个“熊家婆”是商业战场上的英雄。

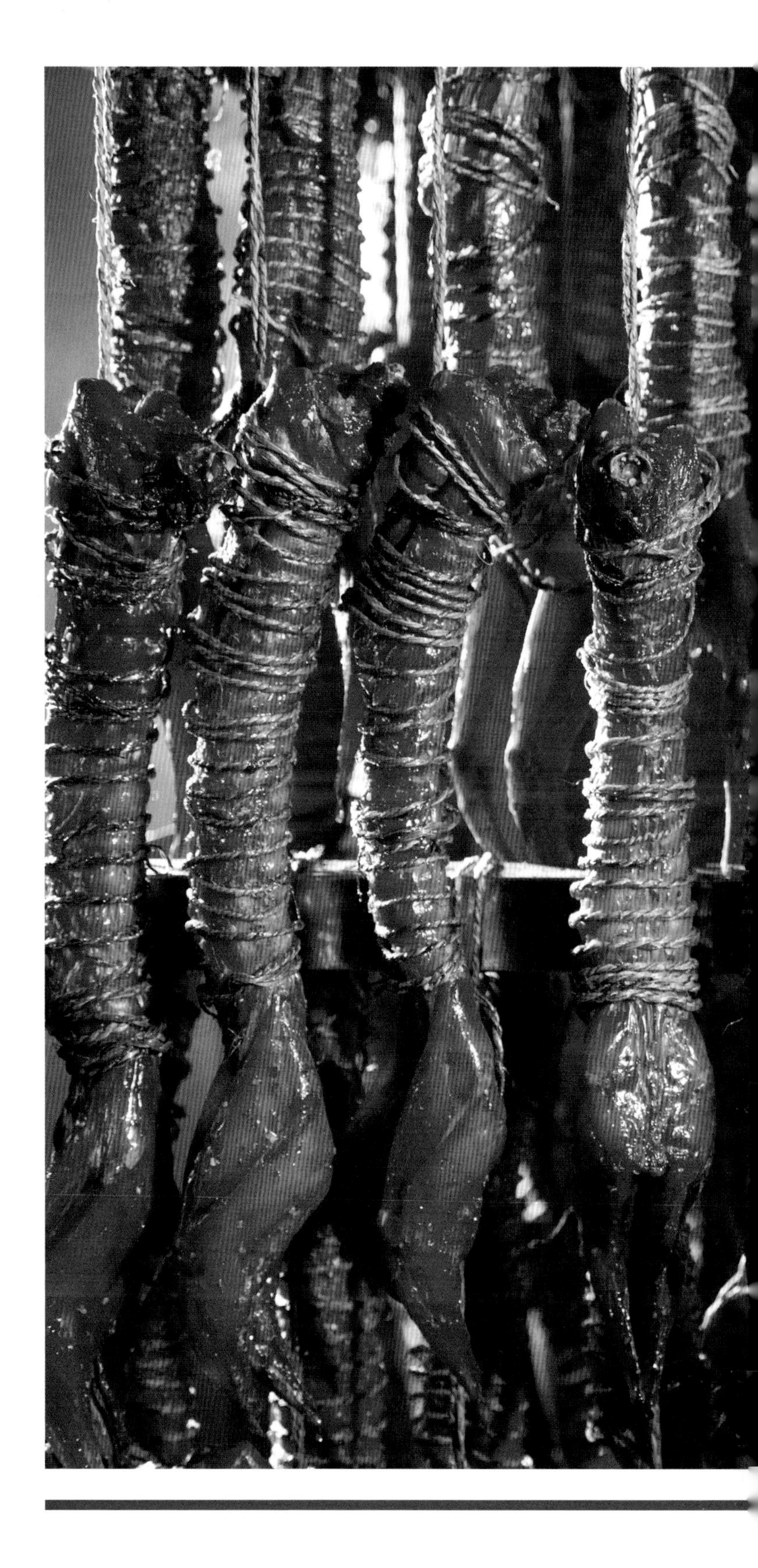

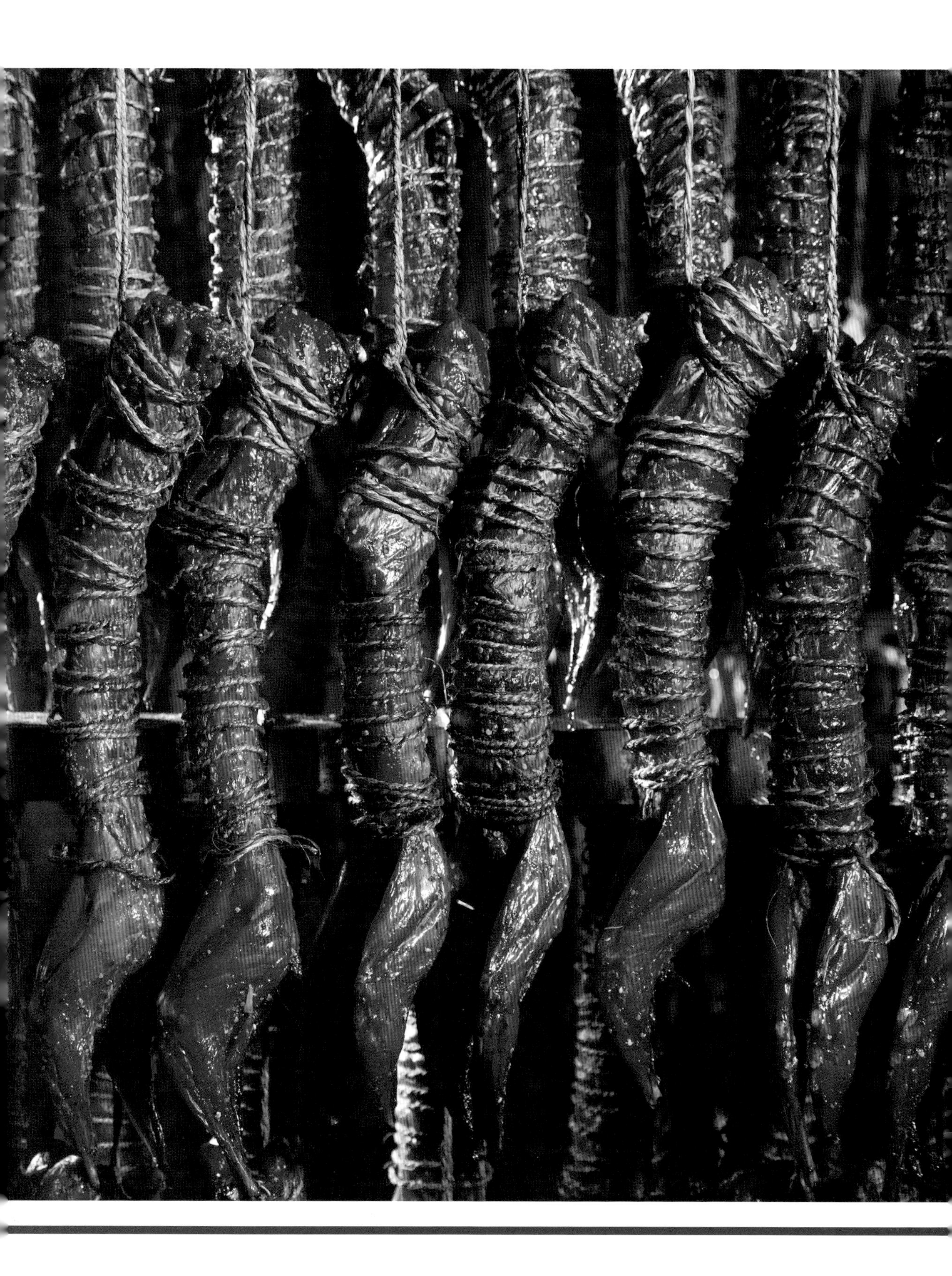

每个地方的特色美食，都是当地劳动人民勤劳智慧的结晶，历经岁月的淘洗和沉淀，凝聚着独特的地域文化和风俗人情。一根麻绳造就一道地方特色美食，“熊家婆”将这道小小的美食在传承的基础上发扬光大，做出了带动一方经济发展的大产业，让人钦佩之余又引人深思。

xióng jiā pó

广汉连山代木儿回锅肉

huíguō ròu

一地水土一方人。每个地方的饮食，必与该地风土、人情、世态相呼应。一个地方的饮食越特别越能显示出那个地方的气质。荷兰作家诺特博姆作为一名有副好脾胃的旅行家，他在书中专门记述了自己曾在西班牙一个小镇上吃过“蜥蜴晚餐”的章节。一尾蜥蜴拌在一盘碎番茄中，配上百里香、迷迭香，那股迷迭香混杂着蜥蜴的肉味，直入脑时比什么斗牛舞蹈都更能显示西班牙的气质：混乱的、粗野的、以自我为中心的、残酷的，行过之处，永无止境的惊叹！同样，红红火火、热热闹闹的餐桌文化让中国人极为重视。

落到川菜上，首当其冲便是味辣且香的回锅肉。回锅，顾名思义即再次烹调的意思，成都一带也唤作熬锅肉。如果把川菜排个座次，回锅肉是当之无愧的第一名。它最能代表四川人对吃的态度和气质，谁人不知“四川人最好吃，最会吃。”并且，它是四川女性的当家菜，听说四川女人不会做回锅肉的话，在婆家会遭白眼的。为什么回锅肉让四川人如此眷念？因为祭祀。在殷商时代，猪是当时的财产“大件”刚需，并且饮食有着森严的等级规定。《国语》记录：“大夫以上食肉，士食鱼炙，庶人食菜。”那时候的猪肉，除了作为上层人奢侈的食物，更重要的用途就是用来祭祀。这成为华夏礼法的重要组成部分，直到今天仍然在沿袭。

四川人祭祀祖宗会准备一块煮好的肉（俗称“刀头”），当作贡品摆在案台上。祭祖完毕后，会把它切成薄片回锅翻炒，这样子孙们吃了贡品就会享受到祖先的福泽。四川人把祭祖后的聚餐（每月的初一和十五，也有人说是初二和十六）叫作“打牙祭”，所以吃回锅肉往往也叫打牙祭。

在四川德阳的广汉市有个连山镇，因境内“群山相接，连络如屏”而得名。说到回锅肉，川内外家喻户晓并荣获了“中国名菜”“德阳地标名菜”的连山代木儿回锅肉就来自此。“吃连山回锅肉噻！”在人们的口语中，回锅肉与连山这两个词已血脉相连。

1963年出生的当地土著代昌明，小名代木儿，因祖上世代从事餐饮，幼时的耳濡目染使他对烹调有浓烈的亲近感。15岁时他就来到连山供销社饮食店里工作，师从厨师刘凡瑞，开始系统学习川菜烹饪技术。凭借勤奋与悟性，很快便能独当一面。喜欢钻研的他却并不满足，因对回锅肉有独特的偏爱，他便开始在肉的形状和用料上潜心探究。1986年，他将自己独创的大片回锅肉夹在父亲打的锅盔里卖，让新老食客们顿时眼睛发亮，连山代木儿回锅肉由此出圈并日臻成熟，后来不断在省内外美食赛事评比中获得殊荣。2006年，在中国西部国际美食产业博览会上，“代木儿晾竿回锅肉”获中国川菜最佳制作奖，“连山代木儿回锅肉”获最佳人气奖。

2014年，代昌明因心梗去世。“五十一年前，您降临于世，创造了一段川菜的传奇；五十一年后，您骤然离世，留下了一个时代的辉煌。”在他的墓碑上，他的女儿，非遗美食连山回锅肉制作技艺代表性传承人代梅刻下了对父亲的怀念。

GUANGHAN

晾竿之上秀身材

方　兰

跟代梅相约是在阳春三月，但直到芳菲渐尽的四月里才见上面，因为掌柜忙呀！桃花正盛的三月，连山代木儿回锅肉馆的师傅们上上下下忙得脚不沾地，食客也是翻了一轮又一轮。看花儿的，踏青的，路过连山的，或在周边郊游的，还不算慕名而来过嘴瘾的，门店处处都门庭若市。

连山代木儿回锅肉店面不小，处在司机们都知道的老川陕公路边，路边一溜茂盛的榕树。两楼一底有假山有池塘的庭院式就餐环境，让人神清气爽，连山回锅肉既能被人大啖也可供客细赏。

一般人家割块五花肉炒出个“灯盏窝”也就叫回锅肉了，但连山代木儿回锅肉与灯盏窝不一样，用的猪肉料也不是五花肉。有科学家认为，追求肉类嫩度是因为利于咀嚼，进而建议人们如果你想要柔软鲜嫩的口感，应避开那些动物经常使用的、肌肉发达的部位。大多数的嫩肉都来自那些为了支撑骨架而存在的肌肉，比如坐墩肉。是的，代木儿回锅肉的原材料就是猪的后臀坐墩肉，而且每头都是生长期为十个月以上的“年猪”，老饕们都知道这样的猪肉口感就是不一般。圆圆胖胖的一块坐墩肉重约十来斤，每锅能煮五六个肉墩儿，大约45分钟煮个六七成熟即可。

年轻的代梅不但女承父业，也继承了父亲的聪慧伶俐。她与时俱进配置了机器人送餐车，打造更新了一个整体厨房，其中就有这个专门用来煮坐墩肉的直径约一米多的猛火大锅灶。咕嘟咕嘟……从锅沿水到锅的中心地带均沸腾着体量一致的泡泡。它是柴火灶的现代升级版，重在锅底受热点均衡，锅内温度均摊，打火快速且比柴火灶更干净美观。

这些都是为了连山代木儿回锅肉店能青出于蓝而胜于蓝。代梅讲起了她父亲最初创立连山回锅肉的一个小故事，那个年代物质本来就匮乏，家庭条件也不好，兄弟姊妹多，作为长子的代木儿每逢打牙祭的时候，总被父亲要求吃一小片就行，让弟弟妹妹多吃一点。看着肉香而不得，小小的代木儿一边咽着口水一边总在想：要是这一片肉能像手掌那么大一块就好了！这个念头随着代木儿的成长愈发清晰，呼之欲出，终于在他从供销社出来开始自己创业后，便付诸行动了。

个子玲珑的代梅系着围裙，手握大刀，不是大刀阔斧，而是通过她的一举一动，尽显对当年代木儿回锅肉研制精神的再现；刀刃不疾不徐专注地划着煮好的坐墩肉，力求厚薄均匀，并保证每张肉都呈半透明状。正在操作间，我仿佛看到了当年代木儿教授女儿连山回锅肉刀功的细致画面。凝神中有叽叽喳喳声从我们身后传来，原来是几个身披红纱巾的大姐，像是刚从哪里玩了过来，正举着手机瞄准案桌大托盘里呈梯状码放的掌宽肉片横竖一顿猛拍：“老板儿，这个肯定要给我们来一盘！”回锅肉是男人的最爱，但又何尝不是女人的菜呢。看她们那架势，妥妥的“东风吹战鼓擂，大口吃肉谁怕谁？你一片我一片，不干成光盘非好汉！”

啪嗒！炒锅底下火焰蹦出，烧锅、滑油、入肉片……代梅在灶台与调料台间“推锅换料”，动作如行云流水。吱吱啦啦的爆裂声里，煮熟的肉在热油和调料的呼唤下好像重生了，化作奇香的隐形蝴蝶在空气中扑扑飞舞，直往鼻孔里蹿，见不

得肉香的舌尖就像猫咪闻到腥，登时馋出了口水。它不但让人馋，还能成为人一辈子的惦念。我有个远房表哥，当年生活条件很差，又生了三个女儿，好在他干活贼卖力，好像有使不完的劲一样。一次工余休息，同事问他：“你这么拼命图啥呀？把丫头当成小子来养似的。”表哥憨厚一笑说了句：“挣钱了我就想把回锅肉吃够。”如今他不但实现了自己这个朴素的愿望，还因为他累不死就往死里累的这种干劲，命运额外馈赠了他更大的福分。他的三个女儿有两个在机关，一个在新闻单位，均是领导层，并且回锅肉还是她们的拿手菜。

餐桌百样菜，回锅肉次次在。无论是阳春白雪，还是下里巴人，哦，不，当代梅端上一盘黄澄澄、香喷喷的代木儿回锅肉过来时，我想应该还加上一句：无论是嗜肥肉的男人，还是不吃肥肉的女人，都沦陷了。精致玲珑如微型版晾衣架的竹竿上，晾着热气腾腾让人口水爆溅、眼睛发绿的回锅肉，青蒜苗与祖传的脆锅巴作为它的黄金搭档静静地伏在其间。一片片肥瘦一体微翘着渗着油花，代掌柜说晾竿回锅肉的最初创意是为了使多余的油滴出，让肉入口达到最佳口感，可是眼前这盘佳肴似乎已经超越了简单的口感层面。一头美丽的、着金缀绿的猪好像活了，正在晾竿上大秀美。代掌柜说要趁热吃，垂涎欲滴的我就把从来都要剔出肥肉的自己，不顾一切地扔一边去了。

一片金黄发亮且微颤的大肉被我的筷子从竿上揭下，送入口中，没有想象中肥肉的那种腻歪，细嫩的质感在口中翻滚，似春日之笋。我毫不矜持地嘎吱嘎吱，偷笑于沈宏非写大块吃肉时那坏坏的句子，“好肉不宜独食，最好将一正处于减肥疗程之关键时期的玉女携上楼外楼，箸肉齐眉，继而做入口状，待她花容失色、肝肠寸断之际，犹自豪迈地大喝一声：‘啊呀，今番罢了！’便一口吞了。”**肉的香气在口腔里翻转，从舌尖到心间，油然而生的是生活的满足感。**

世界上一切伟大的事物，原是植根于平凡里的。连山代木儿回锅肉也一样，虽然不是珍馐美馔，却是人们生活里最长久的陪伴。有时候通向美味的路，通向美食的路，并不需要太曲折，普通的、不起眼的食材一样可以登堂入室。

GUANGHAN

广汉 全蛋坐杠大刀金丝面

jīn sī miàn

我国古代将“粒食”称作“饭”，但夏商时期还不能将粮食加工成粉，所以没有面食出现。粮食一般的加工方式为汽蒸和水煮，这种情况一直持续到秦汉时期才有所改变。

自汉代以后面食开始增多，但制作方法都较简单，主要是饼类，要说类似面条、面皮的也就是一种叫汤饼的。使用发酵或醒面的办法制作食品，不晚于晋代，以后出现的蒸饼就算今天的馒头了。在南北朝时期，用很薄的面片裹以馅再用汤煮，谓之“馄饨”。直到明清时期，才在煮制类的面食中出现了唤作面条的东西“水滑面”“棋子面”等。面食的制作技术和对面食的形状要求也更加精细和考究。

到了民国元年（1912年），广汉市城西口有一高姓人家开了一家面店，高掌柜单用鸡蛋和面却不加一滴水，用直径约10厘米的天然竹杠压面；用重约2.5千克的大刀切面；独创了金丝面的制作方法，因其色如蛋黄面如丝，故被今人唤作“全蛋坐杠大刀金丝面”。1947年，高掌柜之子高木山在广汉正西街开一“惬意”餐厅，其精心制作的金丝面受到众多食客好评并得以广泛传播。此面有三绝：薄如蝉翼可视物，细如金丝可穿针，遇见火苗可燃烧。因此“金丝面”当仁不让成为广汉当地代表性的特色美食，一代代以师徒传承的方式传习下来，至今已是第六代传人——“正一涵金丝面”的掌柜骆韵。

吃你的感觉像春天

方　兰

岁月的沉淀让诸多饮食烹饪技艺入选非遗项目，其中就有这“全蛋坐杠大刀金丝面”。

这是位于广汉市城区的一个普普通通的二楼面店，堂子宽敞整洁，抬头一看，不简单，有一面墙上挂满了金灿灿的各种奖牌和照片，还有上过中央电视台“走遍中国”的美食推荐榜的记录。

我们一边认真聆听年轻的骆掌柜讲做面的四大步骤“和、压、擀、切”，看似简单却很熬人，一边随着她走向厨房一侧的开放式制面坊。**我想用眼睛和舌尖来验证门店上几个很撩人的字“食材鲜，食才鲜”**。

面案师傅是一个年轻瘦削的小伙子，正在长约两米的木质面台上与面共舞。他手中已醒好的面团约有十来斤重，呈现着

蛋液原汁原味的金黄色，在他不动声色却力透纸背般的按压、搓揉下轻盈地翻转着。

少顷，“坐杠”才艺登台。小伙子取来一根长1.8米、直径约10厘米的竹杠，压在面团上，竹杠一端搁进案桌边的墙孔里固定，小伙子则跨出右腿骑上另一端，开始左右来回单脚跳。金丝面是个技术活，但在压面这个环节上就是个力气活了。我们裹着初春的大衣还在过冬，小伙子却是一件盛夏的短袖T恤，虽然戴着厨师帽和口罩，仍然看得出运动化作汗水洇满了他口罩外沿的脸颊。别说人家还要跳着干活，让你光是单脚跳着玩，怕是没几下也会被累趴下吧！随着他有节奏的跳动，一边摁压着面竹杠发出令人迷惑的魔音“听到”“听到”……有人听到过来了，给它拍照，有孩子伸长脖子往里瞅，看小哥哥是怎么跳。这不就是我们儿时同小伙伴单腿玩“斗鸡”的游戏吗？当竹杠给面做完这套基本功后，擀面杖就上场了。

面卷起时小伙子变身专注的美容师，这双娴熟有力的手在擀面杖上按压滑动，似乎正在给面做SPA；摊开面时他又仿佛是一位虔诚的画师，手持卷轴两端，正在给观者小心翼翼地展开；此刻他又化身辛勤的裁缝，这遍布孔隙的生粉沙袋犹如一把喷水壶，一匹参差不齐、皱褶不均的“成布”被他不时洒洒点点，然后用擀面杖以“熨斗”方式精心熨烫打磨……

他是面点师却最终成了魔术师，他生生将一坨金黄色的面，变成了一卷金色绸缎，薄如蝉翼的绸身性感十足，一张张重叠在切面台上。接下来，大刀出马了，看着小伙子一手“观音掌”抚面，一手拎大刀切面的利索动作，我也想来捣鼓捣鼓，结果大刀沉得让人想起那句话“拿得起放不下”，不觉汗颜，自己天天在厨房里摸爬滚打的，白待了。

我算明白了，什么叫不简单？这个面厨师傅的一举一动告诉了我，那就是：简单的事情，反复做，使力做。

很快一蓬浓密如少女秀发的面丝被小伙子握在手中，金黄润泽，触感细腻如凝脂。面还未到口，我的口水已吞了几番。

有句话说，创意存于细节中。厨师做菜，创意无处不在。想当年高掌柜为了面更加可口，发明了“坐杠”。他怕是没想到吧，这个兼具了观赏性的匠心制面，无意中给这道金丝面添加了一种绝世调料。

袁枚的《随园食单》在口味上尤其强调自然主义的原色、原香，眼前这碗用土黄鸡和棒子骨微火吊了六个小时的高汤，配着香菇肉臊的金丝面，衬托出原料的原色、原香。丝丝如柔软无骨的舞蹈少女，身材纤细而爽滑，透过青盈盈的葱花，等待味蕾被激发出来。

当它暖暖的身子一挨上舌头，舌头就软了。不等舌头睁开眼时，它已顺嗓直下暖胃而去。待舌尖想要截住面细细把玩，它也不黏腻、不断裂，温柔地与之厮磨缠绵。醇汤沐浴了它，当它在舌尖上的舞蹈结束，汤中仍然余留着它妩媚的笑与体香，令我不由自主捧起碗

干了个一滴不剩。想到金丝面师傅做面的过程，那手劲、脚力还有那45分钟未曾直起来的腰，我想我的每一筷挑起的不只是面，更是铁棒磨成针的功夫；每一口吞下的不只是简单的供充饥的面条，更是一件独具匠心的工艺品，让人不忍破坏。

家里的东西不一定是最美味的，却是最真诚的；也不一定是最华丽的，却是自己最习惯的。这个时代很多东西都是用机器批量生产的预制品，唯独有些记忆深处的滋味是无法取代的。新鲜的食材，精湛的刀工，悠久的家传等，最终都要落到一种难以忘怀的独特滋味里。这种滋味漫溢到深处便是家了。余秋雨说过：世间真正温煦的美色，都熨帖着大地，潜伏在深谷。我想美食也当如此，**真正温醇的美食都熨帖着人的心胃，潜伏在时光深处。比如广汉这道坐杠大刀金丝面。**

绵竹人吃米粉的喜好从何时开始的？这问题似乎很难说清。据《中国城市大典·第一卷》载："绵竹米粉，在清代咸丰年间（1851—1861年）已负盛名，在当时川西北各县独树一帜。"原来早在170年前，绵竹人吃米粉就已成习俗。

民间关于米粉的起源有多种说法：一说是古代五胡乱华时期，北方民众避居南方后产生的类似面条的食物；另一说是秦国攻打桂林时，因北方士兵吃不惯南方的米饭，所以军中就有高人把米磨成粉状后做成面条的形状，用来缓解士兵的思乡之情；还有一说是诸葛亮行军打仗时，因米粉晒干后便于携带，易于烹饪，蜀军便以米粉作为军粮……米粉，顺应了人们"食之方便，食之有味"的需求，因此众多传说的真实与否都无关紧要。

米粉制作不是很复杂，但从大米变成餐桌上的美味，需要付出艰辛劳动。在机器规模化生产还未诞生以前，绵竹稍大一点的米粉店都有自己的传统作坊。作坊就设置在米粉店后面，与摆有桌子、板凳的店铺连接，甚至制作地与就餐处之间无须任何遮挡，其生产流程随便客人观看，但不可入内，因食品的安全与卫生自古就是饮食行业的生命。米粉边做边卖，货物干净新鲜，作坊米粉出货多少，当然是看店铺当日行情。

那个年代，坐在店里吃米粉的客人，喜欢不时朝店里深处望望。那儿蒸汽弥漫，几个工人的身影仿佛穿梭

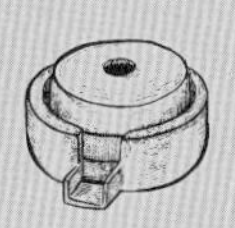

在云里雾里，这样的劳动场景，让食客吃得更为安心……久而久之，很多客人也知道了制作米粉的过程：淘洗大米——浸泡大米——石磨磨浆——大锅蒸浆——杠杆挤丝。若要做成干米粉，还得靠日晒风干。

随着工业化进程推进，现在绵竹的米粉店几乎都依赖专门厂家供货，传统小作坊制作米粉的历史在一夜之间由此终结，店里制作米粉的工具也随之消失。而今，绵竹较大规模的米粉制作厂达十余家，每天厂里的熟浆粉早就被各米粉店订购完毕。干粉的销势也很旺，省内省外，订单不断。干粉制作不再受到季节与天气的制约，把握米粉的老化程度及湿度，都由先进设备控制，实现了米粉传统生产工艺与现代化工艺相结合。

与传统小作坊相比，机械化制作米粉更加重视选择米种。目前，厂方大都选用早籼米和桂朝米作为米粉原料。这两种米是传统的土著水稻，黏性较差、含淀粉量较多，所以用以此种大米制成的米粉口感极佳。为了后期包装时增加美观度，米粉生产厂家还有一道“梳粉”工序，车间操作工人俨然就像为新娘梳妆打扮，先把挤压出来的条条米粉梳理得整整齐齐，再将那一杆杆伸展的米粉挂上晾晒架，一排排米粉顿然形成一串串的珠帘。凑近细观，忽然记起杜甫诗句：“细声闻玉帐，疏翠近珠帘。”

当然，制作米粉不是作诗，但吃米粉那味觉，诗却难以表达。怀旧，是人们的共性，怀旧也是一种诗情。而已经获得县级“非遗”的米粉店，肯定具有怀旧的理由。于是，一家名曰“笋坝子”的米粉店，门前总是非常热闹拥挤。

“笋坝子”米粉制作是绵竹市流传历史悠久的一种传统手工技艺。“笋坝子”米粉店店主陈立华曾被评为“县级非物质文化传承人”。

绵竹米粉人间味

冯再光

陈立华的父辈祖辈都是开餐馆的，他从小跟随父辈开川菜馆，现在刚好50岁。为学习众多美食制作手艺，至今已走访了十几个国家，几乎跑遍了国内所有省份。后来，陈立华决定以做米粉为主，专心研究臊子与配方，他在聆听了百余位烹饪大师指点的同时，又阅读了大量与饮食有关的书籍。他不为别的，只为做好一家出类拔萃的米粉专业店。所以，他以前开餐馆辛辛苦苦赚的钱，大部分都花在了米粉上。

功夫不负有心人。陈立华所经营的“笋坝子”米粉店，因其味独到而闻名遐迩。如今，南来北往的旅客受绵竹朋友的推荐，都喜欢寻觅“笋坝子”米粉店吃米粉。

“笋坝子”米粉与其他地方的米粉比较，其特点是更细圆，更易入味，细嫩爽滑。这里的米粉采用36味中草药、纯手工秘制香辣酱、精选牛腩、精剁猪夹缝肉、精挑深山罗汉笋，慢火炖制，使食材的鲜美相互交融。历经21道工序制作而成的“笋坝子”米粉，其口感更为浓郁、劲道。“笋坝子”米粉店先后获得“德阳名小吃”“德阳特色小店”“四川名小吃”“四川餐饮名店”“地方风味小吃”“民间好味道”“中华名小吃”等各项荣誉。其传统制作技艺成为绵竹特色小吃杰出代表，折射出绵竹饮食文化的旅游价值，因此，“笋坝子”米粉在当地业界中享有盛名。

绵竹米粉不因贫贱而弃，不因富贵而舍，几百年来长盛不衰，它可煮可炒可凉拌，其吃法百种，皆成佳肴。它能成为绵竹人餐桌上离不开的传统美食，其因素实在道不尽、说不完。

早上七八点钟，绵竹城大街小巷人气渐旺，人们行色匆匆，几乎不约而同都朝早餐店走去。不一会儿，各店就呈现出些许热闹，而在众多早餐店中，米粉店生意总是显得人气鼎盛。

对绵竹人来说，一碗米粉就是一天快乐生活与工作的起始。吃米粉节约时间，特别适合上班人群；吃米粉不用讲究排场，甚至坐在街边，只要有一桌、一凳，足矣。人一落座，脸上表情就尤显自在，甚至隐隐约约露出一丝浪漫。他们向服务员说一声自己喜欢的品种及分量，诸如红汤、清汤、清红汤，笋子、牛肉、杂酱粉，然后找个位置坐下，悠闲地玩起手机。熟浆生浆，因人而异。有人好吃羊肉米粉，于是专营羊肉米粉的店铺也陆续开张，且生意十分火爆。米粉店人来人往，无论春夏秋冬，小城这一幅市井图画，就这样日复一日，循环往复。

绵竹每家米粉店都有各自秘诀，特别在熬骨制汤时必下很大功夫，甚至在配料上都是过秤定量，因为汤是一碗米粉味之基础。在调料配制上，很多米粉店师傅也费尽心血，他们定点选购上等调味品，还要根据自己的经验进行再制作，使其米粉味道独具特色，从而拥有大量的回头客。

所以，掌灶师傅往往就是米粉店掌柜，手艺嘛，不可轻易外传。按本地人的说法，绵竹米粉都巴适得很。因此，随便走进哪家米粉店，皆有惊喜，这也许是绵竹米粉成为地域美食的根本原因。

偶尔遇上排队等待就餐，看到别人碗里香喷喷的米粉已垂涎三尺，看着师傅的操作，学一招受益终身的手艺可回家如法炮制，于是，这碗米粉是怎样做成的大都记得：将泡好的米粉放进漏勺，将漏勺在一锅沸腾的乳白色香汤中轻轻撩摔几下，待米粉烫软后盛入碗中，继而用汤将米粉淹没，然后放入牛肉、肥肠、笋子……而酸菜、葱花、香菜、芹菜、花椒、辣椒、食盐、味精等，则由个人按口味需求自取。

在店中常遇朋友，先到的朋友道一声“你吃啥子臊子？我买单！”于是相互争着付钱，一阵客气之后，寒暄起近段时间的工作与生活。人的情义，尽在一碗米粉之中。绵竹民淳俗厚，于此可见一斑。

米粉端上桌子，一阵熟悉的香气扑鼻而来，用筷子挑拌米粉之时，碗中的色香味已引诱人口水直冒，于是不惧滚烫，开始夹起一筷子，在香汤里晃荡几下，送入口中，随之，店内泛起“嗦嗦”的特有轻响，个个吃客悠哉游哉，煞是有趣。当米粉入口之时，香气、美味在齿间缭绕，直抵肺腑。捞完碗中米粉，放慢进餐节奏，

用筷子轻轻从汤中拈出一粒粒臊子、菜品，咀嚼之间，心中似乎在说：如此爽口，如此之香，真叫人朝思暮想，一生相伴，不离不弃。此时，眼看汤中再无可捞之物，就双手捧碗，吹拂一下汤面油腻，将香汤一口接一口喝下，直到见碗底所剩无几。待一碗顺滑的米粉下肚，人的精气神顿然大增。随后起身，扯一张餐巾纸擦擦嘴角，悠然走出店门，微醺缥缈之感油然而生。原来，故乡的生活如此有滋有味。

人吃完米粉就走，用时快速，所以米粉店翻台率极高，熙熙攘攘、门庭若市之后便是上班时间，此时，退休老人以从容的慵懒走进店里，要上一碗喜欢的臊子米粉，找一个角落坐下，怡然自得的神情溢于言表。老人们不与上班族争抢时间，吃个清静。慢慢品味的，何止是米粉，还有安闲惬意和人生往事……

sǔn bàzi

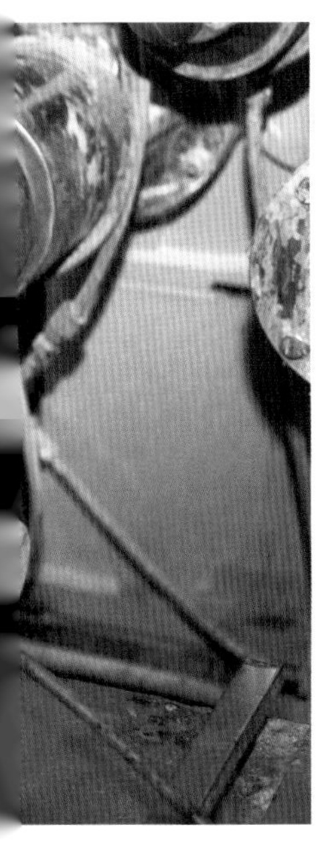

绵竹松花皮蛋

sōnghuā pídàn

皮蛋营养丰富、风味独特、口感极好且便于携带，因而倍受人们的青睐。它的发明有多种传说，但业界认为：皮蛋较为成熟也是最早的制作方法，始见于明朝弘治、正德年间宋诩与其子宋公望所编的《竹屿山房杂部》所载："取燃炭灰一斗，石灰一升，盐水调入，锅烹一沸，俟温，苴于卵上，五七日，黄白混为一处。"

由此推测，皮蛋的创造发明，应该比此书记载的时间早得多。

明朝万历年间，科学家方以智又在所著《物理小识》中提道："以五种树灰盐之，大约以荞麦谷灰则黄白杂糅，加炉炭石灰，则绿而坚韧。"方以智认为，使用不同的炭灰，蛋内会产生不同的化学变化，形成不同的色彩，品出不同的味道。

康熙年间，《高邮州志》在论鸭蛋时云："入药料腌者，色如蜜蜡，纹如松叶，尤佳。"松花皮蛋的称谓，可能就是从这里来的。当然，那时人们尚未弄懂松花蛋上的松花，是经过一场化学反应"雕"成的。松花，只是氨基酸盐的结晶体。

德阳一带江河纵横，溪流百道，农家养鸭的习俗早已形成，民间做皮蛋、吃皮蛋自古成风。这一点，罗江人李化楠、李调元父子所著《醒园录》中所述便是证明。其书有载："用石灰、木炭灰、松柏树灰、垄糖灰四件（石灰须少，不可与各灰平等），加盐拌匀，用老粗茶叶煎浓汁调拌不硬不软，裹蛋。装入坛内，泥封固，百天可用。其盐每蛋只可用二分，多则太咸。又法：用芦草、稻草灰各二分，石灰各一分，先用柏叶带子捣极细，泥和入三灰内，加垄糖拌匀，和浓茶汁，塑蛋，装坛内半月，二十天可吃。"这段记述，让我们有理由认为：绵竹及德阳一带的皮蛋有着深远的历史渊源。

清代王士雄所著《随息居饮食谱》中记载："皮蛋，味辛、涩、甘、咸，能泻热、醒酒、去大肠炎、治泻痢，能散能敛。"中医认为"皮蛋性凉，可治眼疾、牙疼等疾

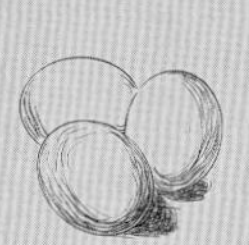

病”，由此可见，古今之人不仅喜欢吃皮蛋，还把这一美食上升到了医学高度。

就这样，皮蛋留在了时光里，代代相传。当然，扬名四方的绵竹松花皮蛋，不仅属于本地人享用之物，它的美味，早在川内出尽风头。

绵竹市松花皮蛋制作技艺传承久远。传至清末，绵竹有个叫李天清的人，他生于1879年，所做皮蛋成为绵竹一绝，被民间称为“川西制蛋圣手”。

1958年，绵竹县包蛋厂正式创办，此时李天清已79岁，他虽未在该厂上班，但该厂技师却常找李天清讨教。1959年，李天清已80岁，他收了年仅13岁的李长林为徒。李长林勤奋学习其技，得到了真传。1971年，绵竹县包蛋厂已改名为绵竹松花皮蛋厂，李长林承袭绝技，经多年钻研改良，技艺日臻完美。1984年，李长林因超群的制蛋、评蛋技艺，被中国食品工业协会聘为国家评蛋委员。其制作的无铅松花皮蛋于1988年被评为商业部部优产品，畅销全国，出口东南亚。

2006年，绵竹松花皮蛋厂改名为绵竹市晶花皮蛋厂。此时，该厂已有品牌意识，李长林的无铅松花皮蛋因十分受欢迎，就特意注册了“长林”牌商标。从此，“长林”二字远近闻名。就在这一年，李长林将技艺毫无保留地传给了胡客有。作为李长林唯一的弟子，胡克有担任了生产厂长，取得四川省首家蛋制品食品生产许可证。2008年“5·12”汶川大地震，使该厂严重毁损。2014年，该厂选址在绵竹市西二环名酒食品工业园重建。2019年，经资产重组，四川长林蛋制品有限公司正式成立。在这个企业的发展过程中，李长林一直担任技术顾问。

1979年出生的胡客有天资聪慧、勤奋好学，他传承了百年秘制配方，将师傅李长林的技艺发扬光大。他所遴选的鸭蛋皆是洁净河流放养鸭所产，用料配制皆以秤度量，生产工序以仪器和传统手艺相结合作为把控手段，还建立了“以源头控制、质量体系、产品检测”为核心的食品安全保证体系，让长林皮蛋成为品质出众、味道鲜美、让人放心的美食。2022年7月，长林皮蛋被列入绵竹县级非遗项目名录，而胡客有也成为长林皮蛋县级传承人。

胡客有总结了一套完整的生产工序：选蛋——通过看、嗅、浮等方法去鉴别质量，这是第一关；配料——将石灰、草木灰加入碱水，拌匀后再加水拌成料泥；滚料泥——将选好的鲜蛋一个个放入料泥中，使蛋均匀粘上料泥；滚灰——将粘好料泥的蛋滚上一层上等谷壳；入坛——用泥将坛口密封，放入室内，精心控制温度；晒蛋——在7天后，将坛内的蛋取出晾晒……

味外还余松竹烟

冯再光

吃皮蛋不讲雅致，但宜节奏徐缓，所以切忌心急。有的人喜欢吃原汁原味的皮蛋，不需要任何调料。据他们说，此种吃法下酒尤爽。常常看见有人随意拿出一个还严密包裹着黄灿灿泥土的皮蛋，看起来稍显“土气”，食者只在硬板上轻轻一敲，皮蛋表面的谷壳土层随即脱落，现出的鸭蛋原形令人眼睛一亮。然后，用清水洗净蛋壳，小心翼翼地将蛋壳剥掉，一枚晶莹剔透的“大宝石”立刻显现出来。一簇簇的松花，疏密恰到好处，镶嵌于富有弹性的蛋清之中。松花也像朵朵“雪花”，千姿百态；松花也像花朵，含苞欲放；松花也像小草，郁郁芊芊……食者常常欣赏良久，方张口慢吃。当嘴巴接近蛋黄之时，不由又以鼻尖嗅嗅，这皮蛋不腥不涩，煞是香郁。其色由浅至深，层次分明，中间略带液状的蛋心，宛若液化玛瑙，用舌头轻轻一舔，双眼微闭，其味悠长，很是享受。

其妙不可言之状，让人想起袁枚在《随园诗话》中记录的《皮蛋》诗：“个中偏蕴云霞彩，味外还余松竹烟。”这位喜欢吃皮蛋的清代诗人也是美食家，诗中他将皮蛋的外形和味道都精准地描述了出来，让写皮蛋的人再无其他好句。

然而，如诗的皮蛋吃法还是有的。其中，餐馆将皮蛋剥壳后，切块变成月牙形，在盘中摆成一朵像盛开的花儿，那如画一般的造型，鲜艳华丽的色彩，就让人食欲大增。餐馆厨师有心，考虑到有人喜好不一致，就将配制的调料放在一个碟子里，与那盘皮蛋配套，任随你蘸与不蘸，蘸多蘸少，无论你下酒或纯吃，这盘皮蛋都是最受欢迎的一道菜。

海参般的胶质体，清凉爽口，伴着特殊的清香，让一些食客把皮蛋比作“康海参”。对于四川人来说，皮蛋比海参好吃。无论晶莹透亮藏着松花的皮蛋清，还是墨玉般的皮蛋黄，皆有其特色。于是，一桌人享用完皮蛋，往往还盯着空空如也的盘子，这时，主人忽然会意识到，朋友们不是来品鉴瓷盘的，于是轻叫一声：“再来一盘皮蛋！”在座的朋友有时假装客气，轻声说一声“够了，不要了！”，其实，当又一盘皮蛋端上桌子，他们的筷子便快速准确地夹起盘中皮蛋，悠然品尝之间，还不时针对苍黄、黛紫、黛蓝的蛋黄圈，以及中间那粒樱桃大小的溏心的形成各抒己见。在朗朗笑声之中，在推杯换盏之间，时光悄然流逝。

作为绵竹松花皮蛋传承人，胡客有吃皮蛋也吃出了境界。他告诉笔者，轻咬一口，细细品味，才能享受到那份丰厚、香郁悠长的滋味。于是，笔者强装儒雅之态，**将皮蛋溏心轻柔地放入口中，慢慢回味咀嚼，顿感唇齿、舌尖、舌根、两颊香味弥漫，真可谓口齿生香！**

皮蛋的吃法多种多样，有人喜欢把皮蛋或煮或蒸几分钟，这样，既可以去掉皮蛋的碱味和腥味，同时还不容易溏心。经过了这个简单的步骤以后，皮蛋不管是凉拌还是和豆腐拌着吃，都非常美味。

皮蛋还被人广泛当作其他美食的原料。四川传统名菜烧椒皮蛋，让全国各地的食客都趋之若鹜。在广东，皮蛋瘦肉粥本是一道粥品，但主要制作材料离不开皮蛋。皮蛋与瘦肉、泰国香米煮粥，其粥特别绵软，口味咸香。在很多地方，皮蛋还作为包子馅料，用皮蛋做馅的包子味道特别顺口，这种吃法全国各地都有，且生意火爆。

绵竹松花皮蛋经过数百年的演变，不仅成为家喻户晓的传统美食，还逐渐与端午节习俗相伴。每到了端午节，除了传统的粽子以外，绵竹松花皮蛋也成了馈赠亲友的佳品。松花皮蛋味美，却不属奢华之品。它以特有的淳朴，匠心的执着与坚守，让大众领略到瑰丽多彩的日常生活。老百姓对皮蛋的挚爱，让这一美食在当今更富有诗意。

sōng zhú yān

糯米咸鹅蛋

xián é dàn

腌蛋或叫咸蛋、盐蛋，川西坝子的人从小就吃过的家常美食，几乎家家户户都会做。每到端午时节，吃盐蛋必不可少，这一世代沿袭的风俗起于何时已不可考。两百多年前清代罗江李化楠、李调元父子编著的川菜烹饪名著《醒园录》中有这样一段记载：“第六十一法——腌盐蛋法。用本地芦草灰拌黄土，每三升土灰配盐一升，酒和泥，塑蛋，大头向上，小头向下，密排坛内，十多天或半月可吃。和泥切不可用水，一用水，即蛋白坚实难吃矣。”这种腌蛋的制作方法如今在罗江民间依然可以见到，而糯米咸鹅蛋，是在继承腌蛋古法的基础上，融合创新而成的一道佳肴。

谢玉蓉，德阳市罗江区“糯米咸鹅蛋”非遗传承人，早年在成都做餐饮，母亲（罗江李氏族人）离世后，她将对母亲的思念化作了餐桌上的美味。儿时的记忆打捞上岸，用心用情加以烹制，“妈妈的味道”在一双巧手中得以复活，糯米咸鹅蛋就这样端上了自家饭馆的餐桌。出乎意料的是，这道新推出的菜品很快受到了市场的欢迎，来往宾客食用后无不对之赞不绝口。

2018年，谢玉蓉和丈夫回到罗江创业，开了一家以“潺亭记忆”命名的中餐厅，将糯米咸鹅蛋作为“潺亭记忆”的独家特色菜，致力罗江传统手工艺的发扬与延续。2019年10月，谢玉蓉受邀参加成都第七届国际非遗节，在全国39家美食中糯米咸鹅蛋获得最受欢迎美食之一。2023年4月，糯米咸鹅蛋入选四川省非物质文化遗

产（传统技艺类）。短短几年时间，糯米咸鹅蛋从个人记忆中的妈妈私房菜，变身为远近闻名的地方美食，罗江饮食文化的代表。

糯米咸鹅蛋采用绿色生态纯手工制作的方式，从选蛋到成品要经过严格的十六道工序，历时四个月之久。所用的鹅蛋全部来自罗江周边乡镇散养农户，还必须是最新鲜的。它们大小均匀，重量在130克左右。经过三个月的土法腌制后，先将腌好的鹅蛋轻轻地敲出一个小口，再把包裹蛋液的薄膜撕开一条裂口，最后在盐的作用下，蛋清得以分离，蛋黄变得坚硬后完整地保留在蛋壳中。同时将经过山泉水浸泡12小时的糯米沥干，混合青豆、腊肉、玉米、红豆等辅料，充分搅拌后灌入鹅蛋内，一枚正宗的糯米咸鹅蛋就制作完成了。

近年来，谢玉蓉在古法基础上对糯米咸鹅蛋进行改良，从原来只有一种味道，到现在的陈皮、黑椒、微辣三种，更加符合现代人的口味。在她的带动下，不仅帮助周边村民解决了收入问题，还通过研学交流等方式，让喜欢非遗文化的大众进行体验学习。谢玉蓉希望通过大家的努力，让这个罗江最具本土特色的产品走出四川，走向全国，受到更多人的喜爱。

时间的味道

刘春梅

有次和一酒店大厨聊天，他问，你知道盐的作用是什么吗？

知道，调味嘛。任何食物都少不了盐，否则吃起来莫盐莫味，有盐才有味，盐是百味之首。

还有呢？

还有……杀菌？

盐有一个非常重要的作用——保鲜。

听者恍然大悟，确乎如此，腌制腊肉、香肠、泡菜不都是使用盐，才让食物保存的时间更长久吗？最早制作腌肉泡菜的人，或许都是为了预防食物腐烂，在没有冰箱等现代化保鲜手段的年代，劳动人民在实践中发明了科学的保鲜方法，也为大众餐桌增添了一道新的美味佳肴。今天，当我们提到腊肉、香肠等腌制食品时，联想到的是某种独特的民间风味，及其背后的人文地理，第一个“吃螃蟹者”的初衷早已隐入烟尘。

腌蛋的出现和流传与此类似，从保鲜之法到美食技艺，一枚蛋在悠悠时光中发酵，既是人类对时间的驯服，也令食物酿出了时间的味道。一枚小小的蛋，在夜以继日的光阴流转间，盐分不断向蛋壳内渗透，蛋黄和蛋白中的水分又不断向外蒸发，蛋黄变稠渐渐凝固出油，蛋白变稀呈水样状……一枚让人垂涎欲滴的咸鹅蛋就在时间的魔法中炼成。如果就此以为腌蛋制作是一件很容易的事，那就错了。正所谓失之毫厘，谬以千里。要想制作出一枚美味的咸蛋，从选蛋开始，环环相扣，一个细节出错，腌蛋的口味就会天差地别。盐多了太咸，盐少了会坏，蛋、盐、酒、草木灰相互之间的比例，腌制时间的长短，完全依赖个人丰富的经验和微妙的手感拿捏。糯米咸鹅蛋的制作更是精益求精，挑蛋、清洗、消毒、腌制、敲孔填料……为保证最佳的口感，全部纯手工操作，每粒蛋都得过谢玉蓉的手，只有这样她才能放心。其中的门道，“道可道，非常道。”

一枚糯米咸鹅蛋在食用前，经点火上汽蒸20分钟左右，再用刀将蛋切成两半，半裸横陈于盘中，色彩明亮又富有层次感，瞬间耀眼了整个餐桌，撩动着食客的味蕾，叫人垂涎欲滴。用小木勺取一口品尝，蛋黄的酥软松沙，糯米的绵密软糯，加上青豆的清香，玉米的甜嫩，腊肉粒的紧实，不同质地的食材，不同种类的鲜香，相互叠加渗透融合，在唇齿间回转，加之丰富的颗粒感充盈舌尖，让咀嚼过程变得十分美妙。浅浅的一口，便已完成几种味道的穿越旅行，令人齿颊生香，回味悠长。

将家常食品做出高级感，这是糯米咸鹅蛋的独到之处。咸蛋本是乡野、朴实的营养食品，而罗江糯米咸鹅蛋，即使摆上星级酒店的餐桌，与山珍海味并列，食客也看不出什么违和之处。这种高级感或许来自木质盛器的质感、装盘的技巧，来自那一层锡箔纸的包装，来自用小勺递进嘴里的细腻。但最重要的，或许是来自一层脆薄的蛋壳内，多种食材紧密黏合叠加所带来的视觉上的丰满。外形小巧精美，味道浓郁醇厚，一粒蛋做出了大文章。

社会经济发展驶入快车道，人们普遍执着于快的力量，快餐时代、快速投资、快速获取回报，唯恐“落后”……在时间面前，渐渐丧失了从容与闲适的心境。或许是物极必反，近年来，社会上出现一股反思潮，有人开始倡导慢生活、慢时光，怀念从前慢。谢玉蓉重拾儿时记忆，创新传承母亲的糯米咸鹅蛋制作技艺，这种精神上的回归，也是中国传统文化价值观的回归，明白了这一点，才能懂得糯米咸鹅蛋身上高级感的真正来源，源于那些看不见的东西——浸染了岁月风霜的醇厚，对亲人的怀念，对故乡的依恋。

罗江古称潺亭，谢玉蓉以“潺亭记忆”给自己的餐厅命名，不仅是一种“野心”，更是一种情怀。一座城，一个人，一道非遗菜，一种文化的传承！

什邡板鸭

bǎn yā

据南朝梁吴均《齐春秋》中载："板鸭始于六朝，当时两军对垒，作战激烈，无暇顾及饭食，便炊米煮鸭，用荷叶裹之，以为军粮，称荷叶裹鸭。"而板鸭的工艺成熟，并在市面形成餐饮行业，应该是清代的事了。乾隆年间《江宁新志》云："购觅取肥鸭者，用微暖老汁浸润之，火炙，色极嫩，秋冬尤佳，俗称板鸭。其汁数十年者，且有子孙收藏，以为业。"这段文字谈及板鸭制作工艺，还对其卤汁的重要性做了阐述。

板鸭之名，是因在晾晒和腌卤过程中，均用细细的竹骨将鸭肉绷撑，形成板状鸭形。关于这道菜，有人把它归到川菜中的凉菜类，而在民众口中，煮熟的板鸭就叫"烧腊鸭子"，系腌卤食品。

什邡板鸭这一美食究竟产生于哪个时代虽难以考证，但什邡板鸭百余年来一直被四川人热捧。现在，什邡板鸭已成为四川著名特产，并列入国家地标认证目录。

老字号"云西廖记板鸭"是什邡板鸭的代表，追溯历史，传承脉络十分清晰。廖氏先祖是广东客家人，清初，一支廖氏移民来到四川什邡徐家场（今什邡师古镇）。他们根据四川气候及地理条件，将岭南的卤制方式与原有什邡板鸭的腌卤法相结合，其配方应运而生。此技在不断探索中逐渐成熟，更适于各地移民的口味且不失川菜特色，这一融合之道，让"填四川"的移民从一种美食中感觉到了生活滋味，也拉近了人与人之间的关系。到了清光绪年间，什邡板鸭就已经扬名四川，且被外省食客所青睐。

据有关资料显示，清光绪十七年（1891年），什邡李五师板鸭已畅销省内外，年销生、熟板鸭达三万余只；姜天聪年销生、熟板鸭二万余只。到了民国时期，"云西廖记板鸭"一直保持着平稳的生意，该店之所以经久不衰，只因坚守传统工艺。这一美食成为什邡一个符号，有赖于几代人的传承。

民国二十八年（1939年），廖氏族人廖顺富沿用家传秘方卤制的板鸭，深受本地及邻县老百姓的喜欢。廖顺富所收的鸭子全是周边农户养的土麻鸭，而每户农家养鸭不多，这使他不得不挑起扁担，一边卖板鸭，一边收购活鸭，四处游走，充满艰辛。廖顺富做的板鸭工艺独特，味道爽口，乡里乡亲十分喜欢，于是，"廖烧

腊”之名不胫而走。廖顺富勤劳诚实，人也和气，附近有鸭子的农户与他熟识后，便主动找上门，将多余的土鸭卖给廖顺富。后来，“廖烧腊”生意越来越好，廖顺富干脆在云西（今什邡师古镇）街头撑起篷布，摆了一个小摊，名曰“云西廖记板鸭”。小摊虽不是铺面，但也免除了往日的奔波之苦。那个时代，人们还未形成注册商标的意识，但“云西廖记板鸭”，实为什邡板鸭的“老字号”，其名远近皆知。

1979年，廖顺富之子廖行述接手板鸭生意，临时摊位一般在云西镇中心卫生院附近。有时，廖行述也挑着板鸭在什邡县城销售，若遇附近某乡镇上的逢场天，他的板鸭摊也就会如期出现在市场里。

20世纪80年代初，廖行述之子廖端洪才十来岁，家里虽有小生意，但生活仍然困苦。廖端洪不得不辍学，他跟着父亲不顾酷暑与严寒，风里来雨里去，四处摆摊。那时，民众收入低，生意利润薄，每只板鸭只能赚几分钱。但因味道好，销势稳定，廖氏父子的生意也能满足一家人吃饱穿暖。后来，廖行述年老体弱，看见渐渐长大的儿子廖端洪，感到身上担子尤重，他精打细算后决定租下铺面，结束游商生涯。

到了20世纪90年代，当地经济发展快速，老百姓生活质量大有提高，板鸭自然成为每家每户常见美食。这个时期，遍及什邡街坊乡镇的板鸭店数不胜数，诸如“洛水张板鸭”“马老二板鸭”“傅板鸭”“李记板鸭”等，而“云西廖记板鸭”的生意，在众多板鸭店中显得尤其兴旺。后来，CCTV-10“家乡至味”节目组还特意来到什邡，采访并报道了“云西廖记板鸭”的传奇经历。

当时，县里领导到“云西廖记板鸭”视察，希望廖端洪将这道名菜技艺传给更多的人，实现共同致富。于是，廖氏族亲得近水楼台之利，主动拜廖端洪为师学艺，而廖端洪对技艺毫无保留，倾心传授。如今街头的几家“廖板鸭”都是廖端洪的徒弟所开或传下来的手艺。由于板鸭生意兴旺，鸭子的需求量也增大，农户养鸭产业随之被带动起来。

2002年，“云西廖记板鸭”商标注册成功。2012年，廖端洪之子廖梓安大学毕业。刚刚二十出头的廖梓安，立志将祖传技艺发扬光大，他放弃其他工作机会，从父亲手里接过该店经营，成为“云西廖记板鸭”第四代传承人。

廖梓安虽年轻但具有现代商业头脑，在传承古法制作板鸭的同时，也注重用多种渠道提高企业知名度。其间，廖梓安从父亲身上得到了板鸭制作真传，也受到了父亲不怕吃苦、良心做事的家风熏陶。2019年，CCTV发现之旅在“川菜在民间”的节目中，对廖梓安的传承经历做了详细的报道。

十指油亮舌生香

冯再光

什邡板鸭是四川板鸭中的翘楚，可以说，外地人到了什邡未吃板鸭，那绝对是一种遗憾。

板鸭营养丰富，但在常人看来，这似乎并不重要。吃板鸭解馋，这才是食者最大的乐趣。

在什邡，上档次的餐馆很多，上档次的名菜也不少。但什邡人若遇接待外地朋友，板鸭是必点之菜。瓷盘里，切好的板鸭如花朵一般散开，造型极具美感。尽管满桌佳肴，但往往是这盘油光闪闪、表体金黄、奇香扑鼻的板鸭被大家吃得最后只剩一个鸭头。

啃完板鸭，食客个个伸开十指，看见指间都泛着光亮和香味，不禁相视而笑。客人也不免要问及这一美食的制作流程，此时，作为尽地主之谊的人会将口才发挥到极致，娓娓道来：先把沥干水的鸭体压扁，用炒干带茴香并经磨细的食盐抹擦鸭体，将余盐抹擦在大腿外部和刀口处及口腔内，接着把鸭子放入缸中腌制八九个小时，再用柏木屑熏制烘烤，最后放入秘制卤水之中……

吃板鸭并没有多大讲究，这是一种大众美食。然而，趁热即食，口感最佳。刚从卤锅里捞出的板鸭色泽鲜亮，还滴着奇香的卤水，闻着看着，口中唾液就直往上蹿，不买一只半只，就觉得枉来一趟板鸭店。不过，凉吃却是另一种美味。若将板鸭称为小吃，可能因其不受时间制约，可以边走边吃，品其味，解其馋，这是一种休闲享乐。

有些女孩就喜欢将板鸭砍成块，装进袋里，要几只塑料手套，约上好友，选一个安静处，你一块我一块享受这道美食。偶尔可见女孩子收拾骨渣前，还吸吮鸭腿骨里的骨髓，吃货特有的表情，显出骨髓之香的悠长。同时，这一举动也表示，她们此次品尝板鸭的行动告一段落。

不过，女孩子边走边吃的板鸭，往往是几个鸭头或鸭脚。鸭头、鸭脚之味，是吃了方可感受之，用文字却写不清楚的滋味。但可以肯定，鸭头、鸭脚与板鸭其他部位的肉味相比，真有另一番风味。

鸭头肉薄，更容易入卤汤之味，而吃鸭头脑髓，就是吃鸭头精髓，只是，脑髓只有那丁点儿。于是经常看到女孩子吃完鸭头肉，把残存的骨头翻来翻去，还舍不得扔掉。再说鸭脚，不仅肉薄，而且很嫩，所以，在做板鸭时，一般都将其割下，等凑够一定数量后进行专门卤制。由于鸭脚肉质特殊，卤水穿透其骨，让味道更具特质。人在啃鸭脚时，连脚缝里面一点肉都不得放过，甚至恨不得连骨头嚼碎一并吞入肚里，因为，香啊！

什邡的板鸭店师承各派，各具特色，但色鲜味美、细嫩化渣、肥而不腻、耐久咀嚼、鲜香独特，则是它们的共同特色。“云西廖记板鸭”是什邡板鸭的代表，在什邡市区也开了店铺，成品都是当天从十几公里外的云西（师古）总店送过来的，居于市内的人想吃这一美食，现在真是方便多了。外地人离开什邡时，大部分的人都要买几只板鸭回去给亲朋好友尝尝，而路程远一点的客人，则常买真空密封包装的生板鸭，它的保存期可达半年，蒸煮时汤中可放蔬菜，板鸭不失本味。

一方水土养一方人，一方人也时常牵挂着一种美食，这是地理环境催生出的饮食习惯。云西已经改名为师古了，但老百姓还是喜欢叫“云西廖记板鸭”，那是一种记忆深处的东西，一种生活味道，任凭地名怎样改变，那板鸭仍是什邡人的至爱。

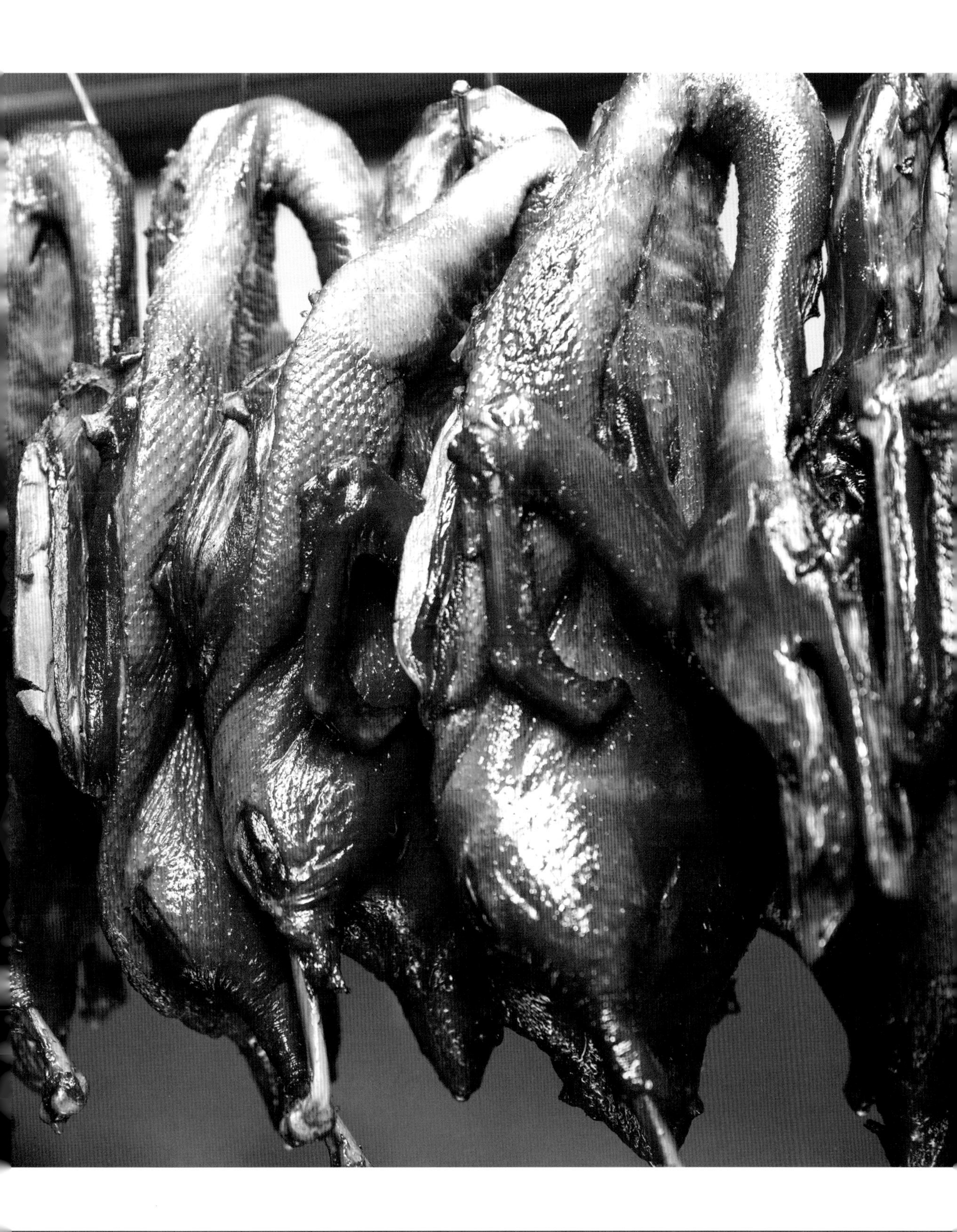

红白茶

hóng bái chá

红白茶是茶叶中的稀有品种，主要产地是什邡市蓥华镇木瓜坪紫竹坪村。至于红白茶这个名号的来历，据当地人说，一是出产在当年名为红白乡的地方，二是茶叶也分红茶与白茶两个品种。

从植物分类学看，红白茶属于樟科中的毛豹皮樟，当地人称为白茶树（其叶背面为银白色），是常绿乔木。由于它只依靠种子繁殖，而母树要七八年才开花结果一次，所以培育新树极为不易。红白茶树生长缓慢，树龄达千年的古树根部直径也才50厘米左右。

千百年来，红白茶在代代相传的过程中，形成了一套严谨的以采摘、炒制、揉浆、发酵、晾晒、保存为内容的制作工艺流程。2006年，红白茶制作技艺跻身德阳市传统技艺类非遗名录。

木瓜坪村几个村民小组是目前红白茶的种植基地。村里有很多制茶手艺人，其中彭氏家族为典型的经营、研究红白茶的传承人。红白茶第八代传人叫彭永清，1972年生，其曾祖父、祖父和父亲均是有名的红白茶手艺人。

红白茶的采摘和制作都必须讲究季节和天气。茶树出嫩叶时即可采摘，三叶一心为佳，最好是阴天采摘，免受阳光直射，影响品质。采下的茶要放在阴凉处，不能见太阳，不能沾水，选择好茶树后必须将全树采完，不留短小枝芽。有些茶树由于树木高大，要采摘嫩芽，还得借助梯子、钩子等工具。

宋人陆羽的《茶经》强调了阳崖阴林中的野生茶树上，那些紧卷的叶芽才是上品，而只有什邡市蓥华镇木瓜坪紫竹坪村一带百年以上的古树，才具有这些特质。因为稀少，所以珍贵。

好吃不过茶泡饭

刘　萍

四川人过去有句俗话，好吃不过茶泡饭，在茶农彭永清的认知里，这茶，就应该是红白茶。按当时的乡镇行政区划，他和家

人是红白乡紫竹坪村村民，后来红白乡划归了蓥华镇。人没动，家也没搬走，茶树也仍然长在海拔1500多米的山麓地带，在云雾缭绕中默默送走春秋风雨。

彭永清说，他特别怀念小时候的红白茶，不管是放学回家后的饥肠辘辘，还是劳作之后的疲惫辛苦，一碗红白茶喝下去就通体舒泰。红白茶夏解暑热，冬暖肠胃，那简直就是油盐柴米之外，过日子少不了更离不开的东西。已故作家流沙河在他的《蜀人吃茶十五谈》中写道，早年四川民间，家家户户厨房一角都置有棕包壶，每天生火做饭时，会用余火熬煮一壶老茶，供全家喝一天。彭永清也说，红白茶最宜慢火熬煮，山里人最爱用陶壶挂在土灶前慢煮。在山民烟熏火燎的生活里，红白茶是开门七件事中除油盐柴米之外的一项重要内容。

彭永清小时候，祖屋还在山上，家里大多是奶奶做饭煮茶。一只大陶壶吊在柴火大灶前，一撮茶叶投进壶里，冲入开水，再由炉前的火苗慢慢慢慢舐舔壶底。锅里的饭熟了，茶香也沸腾了，这时，收工回家的父母和放学归来的娃娃，一人手捧一碗饭，吃得满头大汗。那时候，日子不宽裕，山上少有稻田却多产玉米，因此山里人家的饭是大米掺了玉米糁煮的，黄白相间，戏称为“金裹银”。那时油荤少，下饭菜又寡淡，最安逸的就是一碗滚烫的红白茶泡饭。特殊的茶香混合着饭香，哧溜就是一碗，满屋喉咙响，过瘾得很。

“真的，用老茶泡饭，不用吃菜。”彭永清充满怀念的描述着老屋灶前的茶香，还有农家利用杠杆原理制作的可升降茶壶。“茶壶其实是个茶罐，用吊绳挂在灶前的梭杆上，可以根据火的大小，升高或者降低茶壶，茶壶里长年都装起茶叶的嘛”。特别是杀了年猪熏了腊肉的时节，难得一次的贪杯之后，解酒解油腻，非得那碗老茶才行。

每年3月，彭永清就会开着自己那辆四轮驱动的皮卡车上山。他家的祖屋如今是他的茶叶生产车间，开始制作的头一茬红白茶是芽苞茶，这种用嫩叶制作的茶如今有个雅致的名字叫雪芽，也有叫红芽的。其实，正宗的红白茶是要用老劲的叶子来做的。在自家那100多亩茶山里，彭永清又细分了老树和古树，最老的一棵茶树已经有700年历史。

在自家堂屋里，彭永清为我们泡开了红白茶，滚开的水，玻璃茶杯，今日农家早已没有了柴火灶，少了烟熏火燎，但红白茶的山野之气仍然在。彭永清说，现在人们大多不是煮茶，改用简便的开水泡，但是须用山上的泉水烧沸来泡，才是原汁原味的红白茶味道。还有一个方法，就是把茶叶投进保温壶中久泡，这样的茶汤，成色几近于熬煮，香气更浓郁，回味更悠长。

指着背后那一片郁郁葱葱的茶山，彭永清告诉我们，红白茶树是大叶乔木种，不像茶园种植的是茶丛。真正的老树和古树茶，则是要立夏之后到小满之间采摘的茶叶为最佳，这时候夏熟作物的籽粒已经开始灌浆饱满，茶树生长到这时，各种有机物的释放处于刚刚好的状态，多一天香气会淡，少一天苦涩味重，只有这一段时间采摘的茶叶，香重，味厚。这仿佛是自然界与人的某种默契和暗示，提醒着人们顺天道，守时序，在宇宙天地中找到合适的位置。

彭永清的红白茶知识理论，源于多年茶事的浸润琢磨。他告诉我们，喝红白茶，一看汤色，茶汁红亮略带褐色，厚重不轻薄；二闻香气，清新中带点草木之气；三品茶味，微涩、回甜、爽口，那就是真正的红白茶了。真正的红白茶，还是要用大碗来喝才正宗，才过瘾。我问，是那种粗陶老碗吗？他哈哈大笑，现在哪里还有？山里现在都现代化了，你看，饮水机、电水壶，都有。

“茶是一方天地的气韵反映”，红白茶的独特风味印证了这一点。如果说碧螺春和铁观音是茶中仙女，那么红白茶更像个村姑，质朴又自然。褐白相间的红白茶，条索紧实，粒形饱满，犹如什邡山地老农般朴实可靠。而当它在沸水中舒展开来，你又会发现，它的香气独特又清冽，有几分槟榔和沉香的馥郁，又有点草木的清新，令人想起古老淳朴的山乡歌谣，让人感受到山野的风声和山间的云影。与这样的风韵相对应的，是其主要产区紫竹坪茶山的自然环境，谷幽林静、多雨多雾，没有工业、畜牧业，只有树林，就是茶山和茶树。

凭借不含咖啡因又兼具解酒降压的优势，红白茶现在已经走出什邡深山，与乌龙茶、铁观音一样，受到更多人的喜爱。

一盏茶、一碗饭、一家人，三两好友知己，一时闲暇，都是品味红白茶的好时光。

孝泉裹汁牛肉

guǒzhī niúròu

走在德阳的孝泉镇上，一条蓝白相间的伊斯兰风情与古朴的川西民居互融的老街——“半边街”在眼前徐徐展现。老街以前一半归绵竹，一半归德阳；一半是康熙年间落户的回民，一半是古蜀生根的汉人；一半恪守着“清静无染”的清真习俗，一半传承着“德孝治家”的孝道文化。“看破浮生过半，半之受用无边。半中岁月尽悠闲，半里乾坤宽展”。一座勘破“半半”之道的古镇，注定能在生命哲学和文化融合中觅出一条中和之路来。

四川天府特产清真“马昌恒裹汁牛肉”便是“半边街”里将回汉文化融为一体的特色美食。

民国时期，一位叫马道庸的孝子，因年迈的父母爱吃牛肉干，就潜心研究并以独特的工艺和配方制作出了麻辣香酥又回甘的裹汁牛肉。自此，一款源于“孝心”的清真食品便风靡开来。

用作裹汁牛肉的原肉只选少筋少脂、纹路清晰、紧实绵密的腿子肉，剔筋去杂后切成拳头大的块状，下缸用盐腌渍一日，然后入锅卤煮。初用“武火”沸煮，撇去浮沫，再用“文火”酣炽，沸卤入味。出锅后待自然凉冷，再次剔筋除杂。卤煮后的牛肉块色泽微褐，纹路越发清晰，横刀断纹切成长约3厘米的小条块，投入160°的纯净菜油里热炸，炸制香酥脆黄便起锅滤油，再拌以数十种名贵中药加工而成的香料和熟芝麻及少许饴糖，静置几天后浇油淋拌便可上桌。“马昌恒裹汁牛肉”制作全程纯手工，切肉的阿婶、油炸的阿爸、裹汁的师傅，都是恪守本职几十年，言辞朴钝而手艺却游刃有余，让裹汁牛肉远离了工业化模式生产的“腊味儿”，保留了传统手工

制作的人情味、烟火气。裹汁牛肉立足“本色”，使得牛肉质纯细腻、麻辣香酥、入口化渣、余味绵长。

“裹汁牛肉”始创于民国时期。马道庸先生开始从事裹汁牛肉生产之时，最初定名为“星月”牌。岁月游走，技艺需要传承，理念需要继承，这道源于“孝道”的美食又因父母之爱被马道庸先生更名为“马昌恒裹汁牛肉”，其子马昌恒秉承父志、恪守清规，时光荏苒中又将这些理念像火炬一样传递给下一位传承人。以爱为基石，用心做牛肉。1953年，“马昌恒裹汁牛肉”被选为赴朝鲜慰问中国人民志愿军的珍品；1994年，获得“全国优质产品”荣誉；2006年，裹汁牛肉制作技艺被评选为“德阳市非物质文化遗产”；2011年荣获“农业博览会优质农产品展示优秀奖”；2021年荣获“四川特色旅游商品大赛”金奖，“中国特色旅游商品大赛”铜奖。现今的传承人刘纪凤，接过“马昌恒裹汁牛肉”的金字招牌，接承的更是支撑这块招牌的底气和底蕴。百舸争流，奋楫者先；诚守谨诚，景程煜煜。“可赡老者，能抚幼儿”，一款因孝心而起、于孝城诞生的休闲美食，徐徐走过峥嵘百年，正坚定又从容地迈进下一个百年。

与螯醒游走的小时光

吴小娟

如果说“八百里分麾下炙”是古代沙场上的万丈豪情，那么“春服既成”时的现代郊游图里就不能缺了孝泉裹汁牛肉的倩影——一款让身体释放活力，让心灵游走云端的零压力休闲美食。

仪式下的敬畏。时代的动车让岁月提速，一些可有可无的仪式便滑向了淘汰的边缘。大地宽广无垠，只有脚踩的那一小块有用。走过幽径，回望人生，那些快不了省不了的无用仪式却在不紧不慢中挽转成鬓角的一朵绒花。

慢火里的渗透。大块的牛肉浸没在微沸的卤锅里，浅褐色的肉悠闲地躺着，懒懒地翻身，或者惬意地在卤锅里漂浮，任水波轻漾；偶尔一声“咕噜”的冒泡声是他们微微的私语，浅浅的交流。天地如釜，时间慢煮。只有在一锅浮沉自如的卤牛肉块里，才能真正感受到被时间包裹的质感。那一刻，人生百味也似乎如同七星的八角、细小的茴香、抱头的豆蔻、卷书的桂皮等十几种卤料徐徐展开，慢慢释放。光阴流走，回首过往，所谓人生滋味就是融合了一味味辛料香料的菜肴——初入鼻梢，只闻其馨香，细细品味，才觉慢煮里的交融、历练后的饱和，都需要在时间的静水里浸泡、渗透。正如被你的皓齿磨细后的裹汁牛肉，在滑入食道时的那一次意味深长的回眸。

银刀下的方阵。卤煮后的大块牛肉自是彪汉们大快朵颐的佐酒菜，较之这种绿林莽兄似的“武啖”吃法，现代人更讲究悠闲怡情的“文啖”方式。孝泉裹汁牛肉便深解其意，晾凉后的肉会在一把把精钢亮刀下分解成一根根手指粗细、一寸来长的牛肉条。牛肉耐嚼的一大原因就是纹路细长且密实，对于牙口不善的人非常不友好。孝泉裹汁牛肉要做到“可赡老者，能抚幼儿”，秘诀之一便是要逆刀而行、斩纹断理。银亮的刀刃似乎也生了双明亮的眼睛，细腻化渣的裹汁牛肉是不允许有乱筋混杂其中的，因此切条之前先搜寻并剔除嵌藏的筋杂，然后顺刀切片、横刀断纹，一根根巨型火柴似的方条子被整齐地推出来，“沙场秋点兵”，一场更加火烈的战斗即将打响。

沸腾中的酥脆。待油温升到160°，一盆子的卤制牛肉条纷纷跳入沸腾的油锅里接受新一轮的历练。油是川西平原盛产的纯正菜籽油，任何有掺杂的混油都给不了牛肉条香酥的口感和金黄的色泽。锅大油宽，给了牛肉条们充足的空间，左右翻身，上下浮沉，自由旋转，花式的游泳英姿都能在油海里展现得淋漓尽致。油炸的师傅时不时地用大滤勺翻动，搅散切条时依依不舍的眷友，搅醒还不知所措的小迷糊。

极高的油温迅速地锁住了肉条本就不多的卤汁，清晰的纹路成了热油自由涌入的通道。几番火热的缠绵后，牛肉条色泽油亮、周身酥脆，植物油的清香与卤牛肉的醇香完美地融合，轻咬一口，垂涎与断渣迸溅，惊叹与香气齐飞。

冬藏式的蛰伏。炸好的牛肉条并不是最后的成品，好东西必须经过时间的窖藏。此刻的卤肉条可以称之“孝泉牛肉”，但绝不是“孝泉裹汁牛肉”。民国二十二年（1933年），马道庸为其自创产品取名时即称：“我家牛肉与别家的最大不同，便是肉上有汁，味在汁中。”“裹汁”便是在腌制、卤煮、油炸等工序后再裹上一层特制的调味汁，取其“包浆裹汁”之意。因“裹”与“果”同音，当地居民在传播中亦简称为“果汁牛肉”，而它的味汁里确有少量饴糖的加入，使得余味回甘，让人更误认为有“果汁”渗入了。

“裹汁”犹如一层外衣，如果不能内化于心，终究只是身外之物。密密麻麻的牛肉条被分装在一个个大盆里，均匀的芝麻粒像是点缀的小白花，让褐黄油亮的牛肉条顿时添了几分生机与灵动。覆上一层薄膜，盖上一层木盖，白日从此诀别。七日的暗夜里，裹了汁的牛肉条静静地睡去，但味汁里的小精灵却开始了四处游走。它们穿过牛肉的纹理，徐徐走进牛肉的内心，心的渗透就是对美味的参悟。而这一切，都在时间流水里悄无声息地进行。

春雷中的苏醒。七日后的重见天日，便是美食新生的又一诠释。掀盖，揭膜，美梦中的果汁牛肉还未苏醒，但阳光已然普照。老师傅拎起一把大铲，在金属盆边轻轻地敲两声，仿佛在唤醒熟睡的懵童。可惜“懵童”太懒，只懒懒地蠕动了一下，根本不愿起身。大铲看不过眼了，又一声春雷般的敲击后，便沿着盆边缓缓插进，睡梦中的懒虫被惊得翻身跃起，睁眼一看，已在半空倾斜而下，落入另一个大钵里。冬藏的力量都在此刻被激发，一条条被春雷唤醒的生命在大钵里蠢蠢蠕动。这是春日的新生。那就再给这勃勃的生机加把油吧！于是老师傅从另一个大缸里舀来一大勺秘制的

香油，均匀地淋在裹汁牛肉条上，这是蛰伏了一冬的生命对春雨的渴望，咕噜，咕噜，酣畅的吮吸让每一条醒来的蛰虫油光发亮。接下来，活力满满的它们将被分装在更小的袋子里，去春日的郊外，去深夜的桌台，伴着三五知己，陪着他乡倦客，在茶香里，在酒味中，细指拈来，油香扑鼻，唇齿轻咬，香酥化渣，在绵长的余味中绽放了挚友的笑，慰藉着游子的心。一场唇齿间的相遇，味蕾便被唤醒。

中江八宝油糕

bābǎo yóugāo

国人对糕点，仿佛先天缺乏抵抗力，《红楼梦》中就多次出现不同的糕点，如：秦可卿久病不愈老太太赏赐的枣泥山药糕、元妃省亲回宫后赏赐的糖蒸酥酪、袭人特意派人给湘云送去的桂花糖板栗糕、凤姐专程让平儿去要的菱粉糕、凤姐带给姑娘们的葱香鸡油卷、刘姥姥逛大观园贾母请她吃的藕粉桂花糖糕及松瓤鹅油卷、宝玉觉得味道甚好的奶油松瓤卷酥……贾府的小点心就那样透过文字游走在迷恋红楼人的血脉里了，味觉与视觉也一次次被文字惊艳，那份透过纸张传递过来的精致，令人陶醉不已。现实生活中，糕点总是不经意间就成为人际关系的润滑油、一解乡愁的良药、男女牵手的媒介、孝敬长辈的佳品……

八宝油糕作为中江传统特色糕点之一，如果走进《红楼梦》，不知道它会在哪一章节、哪一场景、哪些人物面前亮相，但有一点可以肯定，就是不会比任何糕点逊色。中江八宝油糕的糕体呈梅花状，表面油润，色褐黄，外酥内软，食之油而不腻，芳香可口，极富营养，为糕点中的珍品，深受人们喜爱。中江八宝油糕一直占据着地方小吃首席，有《中江县文化遗产志》记载：“八宝油糕已有近两百年历史，创制于清代中叶，盛行于鸦片战争前后。初为吸烟或戒烟者盘碟中的小食糕点，后来常作为旅游、宴饮、茶会时的高级食品和亲友间的馈赠佳品。”

在非物质文化遗产代表性项目申报书中，记下了八宝油糕的制作流程。

选料：选用当地菜油、花生油、猪油、橘饼、冬瓜糖、食用玫瑰花、蜂蜜、花生、芝麻、核桃、樱桃、面粉、鸡蛋。

炒糖：冰糖、蜂蜜和在一起，炒出红亮色。

拌料：将固体放一起和匀，分别加入鸡蛋、油、糖等搅拌均匀。

装模：把混合好的材料用手工一个个均匀倒入梅花形的模具中，把核桃仁、芝麻等辅料放在糕体上面。

烘烤：将装料后的模具放入烤箱进行烘焙。烘焙对油糕至关重要，火的大小、温控直接关系到成品的口感、视觉观感。

脱模：在烘焙成熟后，应及时脱模，不然脱模就会非常困难，不注意便使成品成为残次品。

冷却：应在常温下自然冷却，不能强行冷却。

包装：在成品冷却后，再行包装，以延长保质期。

中江八宝油糕制作技艺以文化传承为其特色，由于在制作中原料考究，配方科学严谨，工艺特殊，制作手法技巧独特，能够全面掌握制作技术的工匠师傅少之又少。简亿糕点是专业生产中江八宝油糕的老店，成立于1994年，经过近30年的不断探索创新，在传承原有的传统八宝油糕生产工序的基础上，改进生产工艺，结合现代人的健康理念，自主研发出蛋黄系、鲜花玫瑰系、椒盐系、拉丝系、陈皮系等系列油糕产品，以满足不同人群的需求。

ZHONGJIANG

梦萦魂牵　只为那份独特的味道

唐雅冰

简亿糕点门店位于中江县南塔下面200米处的小街上，离上次去已经三年了。那一次友人回来过春节，开了一辆拉风的城市越野，让我陪她去买油糕。那一天，她横扫店铺，让老板把各种味道的油糕统统打包塞进小车尾箱、后座，说是要带去上海送给外地朋友，也送给没有回家的老乡。

再次走进简亿糕点房，柜台上各种油糕琳琅满目，精包装的雍容华贵，简包装的朴实无华，按照口味、包装分门别类摆放在不同区域。案板上，整整齐齐摆着一排排刚刚从烤箱里端出来的油糕，还冒着腾腾的热气，每个油糕呈梅花状，上边有细碎的花生仁、核桃仁、果脯、蜜饯、玫瑰、芝麻等，中间还点缀着一颗鲜红的樱桃，煞是诱人。一股甜香从室内一直弥漫到室外，整条街就浸泡在特有的味道里面了。老板简顺刚一面忙着手上的活，一面指着油糕说：“颜色深的酥脆，颜色浅的酥软，根据喜好随便品尝。”

简老板很实在，虽然嘴上在唠嗑，手上却丝毫没有闲着。“啪、啪、啪”，随着蛋壳与盆子边缘相碰撞发出的声音，不一会儿，半盆去壳鸡蛋就明晃晃地出现着眼前，放磅秤上称重后将蛋黄挤破，再按比例加上几大勺精制蜂蜜、精炼油。看着即将溢出盆沿的食材，我满脑子都是问号：面粉加哪儿？水加哪儿？也许是看出了我的疑惑，简老板笑着从旁边口袋里舀出一瓢精粉盖在上面，然后左右两手五指分开，沿着盆子边沿小心翼翼地伸下去又朝着中间移动着抬上来，如此反复，鸡蛋、面粉、糖、油在盆中慢慢融合，变成黏稠的糊状。在我固定的思维中，所有的糕点都是以面粉为主，加水和面是必经工序，没想到八宝油糕以鸡蛋为主，面粉为辅，一滴水都不加。看着简老板那双沾满蛋、油、面粉的手上下左右不停翻动，又小心翼翼地搅拌，我不禁问道：“你这样太麻烦了？为什么不用搅拌机呢？现在好多人家里连蒸蛋都用搅拌机了，那样又快又好，节约时间，人也轻松。”

“机器的确方便，可它怎懂轻重缓急呢？如果没有掌握好力度与时间，就会破坏蛋糊中的气泡，破坏蛋糊结构，影响糕点质量，那味道可就大不一样了。”捧起已经搅拌得差不多了的蛋糊，简老板看了看又放下，接着说，**“做油糕的每个步骤都不能马虎，食材比例、搅拌轻重、烘烤时间等，最后成品的味道不会骗人，它知道做的过程中你是否用心……”**

看看盆中蛋糊，再看看那一排排成品，我不由得对眼前这个看起来有些憨厚的中年男人升起一丝敬畏。

如果认为这个和蛋糊的过程太麻烦，时间太长，那就错了，因为制作油糕最耗时的是前期的辅料准备。面糊搅拌好后，简老板拿出几个橘饼和一些果脯放在案板上，一面细细切碎，一面告诉我，橘饼得从去年就准备好，每当橘子成熟的时候，他都要亲自到果园挑选那些没有任何虫眼、长相上乘的橘子，拉回家后通过盐水煮、清水浸泡、蒸炉蒸、切花压扁、白糖腌制等过程后储存备用。还有果脯的制作，单熬糖就是一个慢工出细活的事，一点都不能马虎。带皮橘饼的清香与果脯的味道相得益彰，恰好能压住油糕的油腻，还有助于消化，自然深受欢迎。

一切准备停当，简老板将盆内拌好的坯料用调羹舀入梅花状的模具内，然后把混合的碎橘饼、果脯、核桃仁、蜜瓜片、花生、芝麻等少许均匀撒于其上。入炉、烘烤、出炉，当冒着热气与香气的成品被端出来时，满屋都是浓郁的香甜。

你若顺手拿起一个烤得焦黄的油糕入口，外酥内软、绵糯芳香、油而不腻、香甜可口，那熟悉而略带陌生的味道，就那样在口中横冲直撞，在记忆里围追堵截。那是当年外公外婆塞进衣兜里的叮嘱；是爷爷奶奶为读书归来的孙儿孙女留在床头的期盼；是父母为远方儿女打进行囊的挂牵；是初次牵手递给对方的青涩；是受挫时茶杯旁边的安慰……

瞬间，我读懂了远在千里之外的友人对一盒八宝油糕的心心念念。

中江挂面

guàmiàn

小麦作为起源于西亚的外来物种，距今4500年前已经传入我国境内，逐步成为北方旱作农业的主体农作物。新石器遗址里面首次发现的碳化小麦种子，无声宣告着这种看似弱小却从黄河流域一直蔓延到长江流域的植物，超出了文字记载的历史，在季节轮回中丰盈着南北餐桌。最初，我们的祖先面对小麦这野性十足的物种，曾经历了很长一段时间认知、磨合的过程，从小心翼翼生食，到放入石器中烹饪，再到碾磨，做成各种面饼。在此过程中，慢慢摸索出面条的制作。于是乎，驯服的小小麦粒化作人间烟火，一步步成为南北餐桌上的首席。而挂面制作，则是烟火生活中逐渐摸索出的一门特有技艺。

说起挂面，中江挂面绝对是面中骄子。据《中江县志》记载："中江挂面，面细如丝，长八九尺，截两头，取中段，名曰腰面，又称银丝面，县城内外俱佳，河西谭家街尤盛。色白味甘，食之柔滑，细而中空，堪称洁、白、净、干、细五绝。"中江纯手工制作生产挂面已经有一千多年历史，有文字记载的可以溯源到宋朝，到明末清初，就已经闻名于世。清道光年间进入全盛时期，与"中江烧酒"结为姐妹花，誉满大江南北。清代诗人王朗山《玉尺山人诗抄》"中江烧酒中江面，一路招牌到北京"就是对当时中江的两大特产畅销盛况的真实写照。清末民初，中江城郊桥亭街、谭家街、文庙街、南渡口等有挂面生产作坊百余家，其中又以谭家街最有名，相传与街上那口井的水特别纯净有关。

中江挂面因营养丰富、健脾和胃、风味独特、老少皆宜，成为走亲访友、馈赠亲朋的最佳选择，也是远方游子一解乡愁的良药。相传乾隆四十二年（1777年），台湾府境内时常遭

遇外国海盗侵犯，台民苦不堪言。台湾府及福建省多次报告清政府，请求派员帮助治理。中江籍官员孟邵临危受命，肩负起巡理台湾的任务。他不惧困难艰险，勇往直前，到达台湾府后，立即开展调查研究，并实地察看访问，订出一系列治理方案，迅速组织并全面实施，综合治理，成效显著。在当年六月至次年春胜利完成任务后返京复命，乾隆皇帝亲自设宴，以中江挂面为其接风洗尘。孟邵即兴赋诗一首："名列帝王玉食中，堪称道骨仙风。宫廷华府觅芳踪。玉碗增色，只为银丝种。一经巧手斡旋出，面中再无昆仲。至今盛名犹称颂。孔通华夏，敢道九州同。"诗中既生动形象地描写了挂面，又借"孔通华夏，敢道九州同"恰到好处地拍了皇帝的马屁，龙颜大悦，重赏并加官晋爵，留下一段佳话。

"樱桃好吃树难栽，不下苦功花不开。"挂面好吃，做面却是一个劳神费力的活。中江手工挂面的生产流程包括选料、和面、开大条、盘大条、搓小条、上条、扑粉、晒面、切面等多道工序，而且整个流程都是纯手工制作，十分繁重和艰苦。曾经的一首民谣充分反映了当时挂面艺人的生活处境："有儿别学挂面匠，有女莫嫁挂面郎。吃了许多冷菜饭，睡了一些没足床。高架凳上站弯腿，熬更守夜苦难尝。"近年来，政府加大对中江传统手工挂面的保护，采取一系列的新型监管模式，以龙头企业带动小型作坊，整合资源，带动了中江挂面的飞速发展，使挂面生产水平、销售渠道不断增加，远销日本、新加坡、马来西亚等地，并成功占领美国洛杉矶的沃尔玛、家乐福、大华等超市。2010年，中江挂面制作工艺被列入四川省非物质文化遗产名录；2011年被批准为国家地理标志保护产品。

中江挂面的制作过程繁杂，煮起来只用记住一个诀窍：水宽、火旺、半汤半面不加盐。

人间烟火一碗面

唐雅冰

外地人到中江，不吃一碗挂面，旅途总会感觉少了点什么；返程，总得带几盒挂面给亲朋好友。

作为一张耀眼的名片，中江挂面从宋朝一路风风光光逶迤而来，人间烟火在一碗面中把日子熬得黏稠。然而，中江街头各种面摊众多，要想专门吃一碗正宗的挂面仿佛又是一种奢侈。倒是中餐馆，常常可见这般景象：一桌人酒过三巡，面红耳赤，谈笑正酣时，服务员优雅地给客人一人端上一小碗清汤挂面。碗是精致的陶瓷碗，汤是熬得雪白的骨头汤，面是细如发丝的正宗中江挂面，上面横卧一个煎蛋和几根豌豆尖，四周飘一圈猪油珠子浮几粒葱花。顿时，面的娇小玲珑与桌上杯盘中花花绿绿的大鱼大肉相比，一如山野清新脱俗的小丫头掉入浓妆艳抹的“脂粉”堆，瞬间迷了眼、勾了魂。刚才还天南海北侃得神乎其神的人，注意力都被这碗面吸引了去，观其色、嗅其香、品其味。一阵“哧溜”声过后，碗内连汤都不剩，直呼过瘾，就是感觉少了点。老板把中国书画艺术创作中的留白，用在了一碗面、一餐饭上，生活仿佛也多了一点念想。

为真正从内到外，从嗅觉、味觉到灵魂全方位感受一下中江挂面的魅力，油菜花开正盛、小麦刚分蘖的时候，我冲着位于距资中县城8公里处的挂面村而去。春阳正好，挂面村人满为患，大家沿凯江或逆流或顺流涌入挂面村，无不是冲着一道景、一碗面去的。走进被无边春色簇拥的中国挂面村，让人恍若骤然掉入一幅无边画卷，眼神立即被黏住。

蓝天白云下，家家户户门前都立着5米多高的木架，架子上下，一派忙碌。一人从面槽内把挂有面条的面竹双手捧出，递给站在高木凳上的人，只见其接过面竹，左右两手各执一根，娴熟地抖动几下后朝两边用力一扯一甩。仰头望去，空中牵出缕缕银丝，甩到白云上又弹下来，煞

是好看。接着，工人将一根面竹插在面架上面的孔内，双手握住面竹另一头均匀用力朝下拉，弹力十足的面条乖乖地被抻长，下面的人接过面竹继续下拉，直到面条长度距离地面两厘米左右为止。如此反复一个小时左右，几十米长的面架上银丝挂面如飞瀑一泻而下，在微风中微微拂动。暖暖的阳光填满面瀑之间的缝隙，每一根面条都有了阳光的颜色，浸入了阳光的味道。挂面架下，前来打卡拍照的人一波又一波，来了又去，去了又来。几位大婶悠闲地坐在门前的挂面销售摊前，一面聊天一面不经意地抬头看看路过的游人，有人买面热情接待，无人询问也不吆喝，身上那份闲适气息让路过的人步履不知不觉间就慢了下来。门前是一大片农田，阡陌纵横把地一块块隔开，田里彩色菜花争奇斗艳，金黄、乳白、粉红、紫红……

一条七彩长廊横卧花田中间，站在长廊上放眼望去，绵延几里的挂面一字排开。恍惚间，挂面犹如从油菜上冒出的花蕊，仰面朝云端延伸；菜花是开在瀑布下面的花儿，自带一份狂野。挂面与菜花就那样交相辉映，蔚为壮观。

挂面村家家户户都做挂面、卖挂面，也煮挂面。走累了，随便走进一家小院，往四方桌子旁一坐，说一声：“来碗面。”热情的主人便会立即起身煎蛋。一般饭馆不轻易允许人参观厨房，特别是一些过经过脉的烹饪过程。这儿恰好相反，主人恨不得把煮面的十八般武艺都一下子传授出去，拿他们的话来说，就是教会了人煮挂面，销售就成功了一半。这次恰逢中江挂面的非物质文化传承人钟巧林在家，她一边念着煮面诀窍：“水宽、火旺、半汤半面不加盐”，一边详细地给我们讲解煮面需要注意的事项。原来我们把面买回去后，不看说明，按照固定的思维模式，盐、辣椒、酱油、醋一样都不少，殊不知，挂面在制作过程中非常关键的一项就是要加盐，因而煮面时不但不能再放盐，而且水一定要宽……说话间，煎蛋器里的蛋煎好了，锅里的水也开了。钟巧玲右手握筷，左手抓起一把挂面，五指呈扇形一个漂亮的旋转，挂面纷纷跳入锅中。她一边放面，一边顺着一个方向在锅里轻轻搅动，满锅银丝盘旋，一会儿都浮上水面。起锅、加入煎蛋、舀上早就熬好的骨头汤、撒上葱花，一大碗香喷喷的清汤挂面上桌，和城内中餐馆里的味道与分量都有所区别。不过都是一吃就惦念上了，从此多了一点念想。

“提起那个中江面啊，四川那个人人都称赞哪，细如那个头发能通风，过夜回锅煮不烂，猪油葱花儿清汤面，再加几根豌豆尖儿，好吃哦，香喷喷哦，是味道鲜……”登上央视舞台，走出国门的正宗中江挂面，就是这个味。你品，你细细品。

卢仁成说新派川菜

口述：卢仁成　　整理：燃　燃

新派川菜这个概念是20世纪90年代以后，随着社会经济的发展延伸出来的产物。经过二三十年的不断发展，新派川菜逐渐形成了一套自己独创的体系，过去有段时间也说创新川菜，后来被业内普遍认为已发展为一种新的派别、新的流派，后来统称为新派川菜。

现今，人们的生活条件发生了显著的变化，不再为衣食担忧，开始讲究生活的品质。不同地区之间的文化沟通和交流愈来愈频繁，不同菜系之间相互渗透，新派川菜就是这种文化渗透的一个突出表现。其主要特点是清鲜味见长，少油少脂，不再是重口味，更注重菜品的美感，融入了年轻人的思想，比较时尚。因为仅靠传统川菜，已经吸引不到更广泛的人群了。传统川菜以鸡鸭鹅肉为主，加上一些海鲜干货，而现在鲜货遍地都是，干货是高品质的海参鲍鱼……食材在变化，人的饮食需求在变化，加上新媒体的传播，融合创新不可避免。我在旌湖宾馆期间，长年聘请广东、香港、澳门的厨师，以文化的交流融合来提升川菜烹饪技术，再把我们传统川菜内在的东西挖掘出来，形成了一种新的餐饮现象。

新派川菜在食材上注重高品质，从全国各地选购；烹饪方法上博采各家之长，做了很多优化和创新；在器皿与菜品的搭配上相得益彰，既不会过度地包装，也不是简陋的包装，干干净净，不多不少，恰到好处。

比如海鲜这种食材，由于方便的交通、快捷的物流，现在已直接摆上四川人的餐桌，变成了四川厨师手中的食材。但如果纯粹按照广式做法，川人早就吃厌了，于是厨师在不改变川人口味的基础上，做了捞汁小海鲜、粉丝蒸鲍鱼、粉丝米椒虾……还有米椒这种东西，原本是云南、贵州、湖南一带的调味品，最早是大蓉和在成都开始使用，如一品骨、开门红（剁椒蒸鱼头），都加入了四川人的吃法。

生抽这种调味品也是外来的。大约三十年前，我在成都东门市场看到几个福建老板在卖生抽，就问他们怎么用，拿回来就大胆嫁接到德大的一些菜品上。熟米羹、西湖牛肉羹、玉米羹等，这些菜有新意、有创意，很受大家欢迎。从那时起，生抽在德阳才开始代替了酱油和醋。包括蒜蓉酱、番茄酱，很多人还不会用的时候我就已经在用了。

1992年我在德大，岷江饭店副总陶邦富到德大来时，点了两个菜，回锅肉和肝腰合炒，服务员可能是有点紧张，听成了腰花回锅肉，我一看单子有点奇怪，但心里想他既然点了我就给他炒出来。上桌的时候客人奇怪，自己点的两个菜，怎么炒成了这一个菜？他尝了尝味道，出乎意料的好吃，回锅肉有油脂的香，腰花脆嫩，加上豆瓣的酱香，这道腰花回锅肉就这样出炉了，完全是阴差阳错，纯属巧合，后来这道菜竟然成了德大的招牌菜。传统川菜里，只有莴笋回锅肉、蒜苗回锅肉、辣椒回锅肉，腰花回锅肉不失为一种创新，是由偶然巧合促成的新派川菜。后来又出现了鲍鱼回锅肉、纸包回锅肉，都包含了创新的思想在里面。可以说，德阳的新派川菜是从德大开始的。

新派川菜的根子是创新。比如八宝锅蒸，过去必须用油，现在在北京、上海、深圳，有厨师用铁板，与客人直接面对面炒八宝锅蒸，炒好后用木具分装，为了解油腻，加了柠檬水在里面，降低了甜度，增加了酸度，口感更滋润。过去的川菜烹饪没有铁板，没有石锅，没有煲，现在这些都进入了川菜。新派川菜丰富了传统川菜的烹饪方法，有一种递进关系，不能说超越了，但新型的烹饪方法，比如微波炉、烤箱的使用，所有的器具器皿、设施设备，都对新派川菜的形成起到了画龙点睛的作用。

又比如，麦芽糖兑上皮水的做法，过去川菜也没有，传统川菜的咸烧白上糖色，多使用冰糖、白糖、红糖，甜烧白加了糖汁，红亮红亮的。而上皮水是用麦芽糖加浙醋勾兑，再加其他调味品辅助，不断演变后，形成了现在的川菜熟食上色方法。过去的川菜只有24味，热菜凉菜都是24味（在咸甜麻辣酸五味的基础上，两种以上的调味品经过有效组合，形成糖醋、鱼香、麻辣、酱汁、椒麻味等复合味），有了新派川菜以后，复合味与复合味再相互叠加，现在至少有五六十个味型进来了。比如烧椒猪头，以前是麻辣猪头、豆瓣猪头，很单一的味道，烧椒就变味了，再来个糖醋椒麻味，就是复合味加复合味。

器是菜之衣。好的容器搭配好的菜品，才是合体的、美观的、可供人欣赏和品味的东西。我很反感有段时间几个面坨坨插上树枝，有人以为那叫艺术，其实是假的艺术。面坨坨又不能吃，既不好看，又不卫生。选好的器皿装好的菜，量体裁衣，能够恰如其分地表达你的菜品就好。有的人为了扯眼球，用多大一个盆盆，十多个人抬上桌，这种投机行为只能是昙花一现。就盛器而言，木质的永远比铁器好，这是在《吕氏春秋·本味篇》就总结出来的。

为什么新派川菜在德阳有生存空间呢？德阳是个移民城市，20世纪50年代以来，天南海北的人汇聚到德阳，东电、二重、东工、东汽、东锅的人来自全国各地……二重以东北人为主，东工以上海人为主，他们带来了东北饺子、上海馄饨汤包。随着厂二代融入大德阳的城市生活圈，不再像上一代人仅限于工厂内的圈子，他们的饮食习惯生来就不是单一的，带着川味、南方味、北方味的融合。对移民城市来说，市民没有固有的、从小到大的那种饮食文化和记忆，你做出来什么，他就乐于接受什么。与其他城市相比，德阳不是刻意去做新派川菜，而是自然而然形成了新派川菜。在德阳，新派川菜直接进入老百姓的生活中，而不只在高级宾馆中出现。新派川菜在德阳不是哪一个人哪一家餐厅哪一道菜促成的，但有一些代表性的餐厅，名家坊、家道馆、面道馆、端厨等等，几个店有一些共性，以家庭化消费为主、老少咸宜，口味以清鲜见长、少油亲素，有点小讲究……就像一母生的几个小孩，每个厨师又有不同的特色菜。

卢仁成，四川什邡人，1960年6月15日出生，原旌湖宾馆总厨。德阳市餐饮烹饪协会秘书长。

稻香红烧肉

hóngshāo ròu

红烧肉，一道耳熟能详的家常菜，具有补肾、滋阴、益气的功效。它穿越古今记忆，行走在大江南北各大菜系中，尽显其光华，据说传统红烧肉仅做法就有二三十种。

北魏贾思勰《齐民要术》“蒸缹法”中有一段描述，据说是关于红烧肉做法传世文献中的最早记录：“……四破，于大釜煮之。以杓接取浮脂，令著瓮中；稍稍添水，数数接脂……下酒二升，以杀腥臊……脂尽，无复腥气，漉出，板切于铜铛中缹之。一行肉，一行擘葱、浑豉、白盐、姜、椒。如是次第布讫，下水缹之，肉作琥珀色乃止。”北宋苏东坡在杭州做官时将红烧肉从民间推向官方，使其登上大雅之堂。在生活“多油”的时代，“少油”成为人们对饮食的追崇，餐桌上传统的红烧肉似乎早已过了它的黄金期。

在德阳市罗江城区纹江东路与围城东路交叉口往东南走20米处，有一家名为“醒园里川菜小馆”的小餐馆，餐馆老板兼主厨黄开德在传统红烧肉的基础上，又研制出了一道与传统红烧肉和而不同的新菜品——稻香红烧肉。

黄开德告诉笔者，稻香红烧肉以五花肉为主材，以稻草秸、冰糖、红烧酱油、南乳汁、红曲粉、柠檬汁、秘制酱料等为配料焖煮两个小时而成。

“慢着火，少着水，火候足时它自美。”对红烧肉的做法，苏东坡曾这样写过。黄开德说，烹饪美食，细节很重要，火候是关键。火旺了时间短了，汤汁很快烧干，味浸不深透，肉感也柴；火小了时间长了，会把肉

焖得太烂，影响造型与观感。用锅也讲究，砂锅传热均匀，能让味道均匀渗透到肉中，砂锅的特质也可以让肉保留原香。两个小时的小火焖煮，红烧肉软而不烂，味深且醇，恰到好处。

用来缠肉的稻草起着至关重要的作用。它既方便固定五花肉的形，又有着吸油效果，在焖煮的过程中不但能散发出其独特的稻草香，还能达到再次减油的目的。被缠裹的五花肉，在大自然气息的氤氲中，肉质变得细嫩、清香，这是稻香红烧肉的灵魂所在。

“随着人们生活水平的提高，对吃的要求也提升了，除了口味上的挑剔，还讲究一个‘康’字。我们在创设这道菜的时候，便充分考虑到了顾客的心理，制作的时候没有用任何对健康不利的色素，食材也很新鲜。从设计这款菜品到上桌食用，我们也做了周全的考虑，既要有新颖感，又要有仪式感，还要与餐厅的定位相宜。我们既然借了家乡历史名人——川菜之父李调元家的‘醒园’之名，就要做到不负调元美名。做良心菜品，扬川菜文化。这道菜有着现代餐饮文化内涵，旨在让顾客吃得放心，吃得环保，吃出健康。”黄开德如是说。

这款菜品自2021年面世以来，受到广大食客的好评。

稻香红烧肉的原料及制作方法

选用最好的中精五花肉，将它切成20厘米×4厘米左右的长条，加去腥三宝葱、姜、蒜腌制20分钟后取出。热锅，放入少许食油，将肉条小火煸香，出油，沥去油，起锅。再热锅放冰糖小火炒化，加红烧酱油、红曲粉、南乳汁炒糖色，放入煸好的肉轻轻翻动，使其均匀上色后装盘晾凉。用洁净的干稻草中段将肉条缠裹后，置砂锅于灶上，放秘制酱料入内，加适量鲜柠檬汁。下肉于锅中，煮开后改小火慢焖两个小时。

时光慢煮的烟火

莫小红

醒园里川菜小馆铺面不大，却因装饰色彩特别而吸引着人们的眼球。

清鲜稻禾一样的绿，成熟麦粒一样的黄，装点了小餐馆的门面，店门外的绿色延伸到了内部，配之以白色桌椅，黄、绿、白的搭配清新又雅致，有着小家碧玉般的落落大方与清秀，让人眼前一亮。每张桌子上方伸展着的小灯也别出心裁，既提升了就餐氛围，又美化了桌上菜品。这个地方，既适合一人独坐静享美食，也适合三五朋友小聚。环境的清幽让人不由自主地从内心深处安静下来，于细品慢酌中品味生活的况味。

店虽小，生意却不错，一到就餐时间，三三两两的客人便鱼贯而入。

稻香红烧肉是以“条”计的，每条18元。肉是焖好后放在砂锅里的，所以不用久等，菜便上桌了。特制的白色条形盘里，稻香红烧肉皮朝下瘦肉朝上，仰躺在红亮的原汤汁里，醇厚的香味儿早已氤氲，撩拨着人的味蕾和食欲，恨不得马上举箸一饱口福。你以为只要找到稻草的接口，解开它就想直接咬着吃时，看见服务员托着托盘过来了，托盘里放着一把特制的银色小剪刀。

原来，吃稻香红烧肉是有仪式感的。只见服务员拿起小剪刀，顺着红烧肉上面的中缝轻轻剪断稻草，稻草便一路舒肢展臂，像极了花开，解脱束缚的五花肉随即将其美丽呈现出来：肥的红玛瑙般晶莹透亮，瘦的朱砂般持成稳重。服务员再将肉横着剪成均匀的小方块，在玛瑙与朱砂合璧的轻颤中，异香再一次侵袭你的嗅觉。好了，久等的你早已馋涎欲滴，不待服务员“请慢用”的话音落地，筷子已经伸向了盘里。轻轻夹起一块，沾上红亮的汤汁往嘴里一送，立时满口生香，在上下齿的轻合与舌头的游走中，肉化开，细腻绵密，有巧克力般的丝样滑润。清鲜，从舌尖迅速扩散到身体的每个感官，劳顿被驱赶，换之以神清气爽，奇妙得很。

品着色鲜味美的稻香红烧肉，你会突然领会到餐馆装饰色彩的内涵：绿的苗，黄的果，纯洁的心。那不也在传递着一种稻香的原始信息吗？返璞归真，将大自然的信息融入餐饮文化，是对大自然的尊崇，也是时代赋予厨者的使命。

醒园里小餐馆的稻香红烧肉不仅仅满足了人们的口腹之欲，还让人们获得观感和口感上至真至醇的体验。厨者仁心，若东坡先生有知，会对这个改创的红烧肉点一个大大的赞；若调元先生有知，也会对这道以故园之名出品的菜肴赞不绝口。

稻香红烧肉，是时光慢煮的烟火，舌尖上流转的诗意。

盖浇牛肉面配肉脯拌饭

niúròu miàn bàn fàn

盖浇面是一道源自中国南方的传统美食，起源可以追溯到清朝时期。当时，盖浇面是一种简单的大众饮食，由面条、蔬菜和肉类组成，通常是用锅煮熟面条后，再加上一些调料，最后盖上一层热气腾腾的肉类或蔬菜，形成美味的盖浇面。如今，“盖浇”已成为许多餐馆和小吃店的招牌菜，也成了中国饮食文化的一种符号。

“盖浇”，就是把菜直接“浇”或“盖”在米饭或面条上，故得其名。

盖浇工艺其实是很有来头的，就拿盖浇饭来说，它是从西周八珍之一“淳熬”的基础上发展而来。《礼记注疏》谓“淳熬”的做法是：“煎醢加以陆稻上，沃之以膏。”醢是肉酱，陆稻是北方种植的黄米和小米，沃就是浇的意思，膏即油脂。到了隋唐，“淳熬”成了“御黄王母饭”，其烹制方法有了变化。唐朝宰相韦巨源在《食单》中云：“编缕卵脂，盖饭表面，杂味。”意思为：肉形为丝，加入鸡蛋等物，色、形、味更丰富了。唐代为士子登科或官位升迁而举行的“烧尾宴”，就把盖浇饭堂而皇之地摆在如此高规格的餐桌上。随着时间的推移，全国各地盖浇饭、盖浇面名目繁多，悄然兴起，让“盖浇”一词频频出现在现代人的口中。由此可推，温饱，于民众而言，永远都是日常生活里的重中之重。

五年前，曾令贵师傅在创建这道菜时，首先考虑的是旌湖宾馆不陷入“同质化竞争”，当然，也不掉档次。其次，他认为一桌正餐，喜欢米饭和面条的人不尽相同，要力争把众口难调变为皆大欢喜。

原料：孝泉黄牛肉500克；本地特色面条100克；泰

米饭；豆瓣酱2勺；酱油2勺；生抽1勺；老抽1勺；花椒1勺；大葱1根，小葱2根；芹菜2根，香菜2根；一品鲜2勺；鸡蛋1个；味精1勺；芡粉2勺；特制泡菜1碟。

做法：牛肉先氽一下水，去除血沫；菜油烧至七成熟，下入牛肉炒香；加入豆瓣酱继续炒香；加入牛棒子骨汤和香料包慢火烧1个小时；水烧开放入自制面条煮5分钟；挑起放入牛肉汤内，加芹菜、葱花、香菜即成。

盖浇牛肉面很好理解，然而，加上“配肉脯拌饭”，这个面条就有些名堂了。中国之大，风俗各异，无论盖浇面还是盖浇饭，尽管做法不一样，用料也不同，但以“盖浇”二字谓之，往往是为节约时间，当然，也很省钱。

德阳旌湖宾馆这一道“盖浇牛肉面配肉脯拌饭”，对客人来讲，一般都是用于餐前填肚或酒后驱醉。作为星级饭店餐桌，配上此饭，倒也温馨与体贴。

此菜品中的牛肉脯，用的是四川出名的孝泉黄牛五花肉，通过特殊工艺烹制而成，营养丰富，化渣，口感好。当然，做菜品前还得从牛肉上剔去筋肉、软骨和脂肪。一招一式，工序不少。牛肉富含蛋白质、氨基酸，更接近人体需要，能提高机体抗病能力，对一般人来说，有补血、修复组织等作用。寒冬食牛肉可补中益气，滋养脾胃，强健筋骨，化痰息风，止渴止涎。

牛肉脯纯正的色彩，合理的配料，让人赏心悦目，食欲大增。即使是厌食者，看到这样的美食，也会情不自禁地想去品尝品尝。

若论近现代吃盖浇食品，上海有比较长的历史。清末，五口通商，上海首先出现诸多大小洋行。洋行从一开始就没有“内部食堂”。洋行大班怎么解决午饭的，不得而知。而那些因为英文熟练进入洋行工作的华人，收入不高，囊中羞涩，怎么简单地对付午餐呢？这时，一些精明的餐馆店主就推出了“盖浇面”和“盖浇饭”，店主既省得一份一份地炒菜，又不再多洗碗盏。洋行工作的华人也很快接受了这种菜饭（面）合一的快餐，由此风行上海滩。因吃着方便、省钱省时，后来盖浇面（饭）又迅速风靡国内。

掀起面条的盖头来

冯再光

四川称为天府之国，小吃难以数计，所以，喜欢上“盖浇”的时间不算太长。以成都为例，抗战时期，遭受日寇飞机频繁轰炸，东大街、盐市口、少城公园等市中心一带，时常沦为一片火海……这时，人们吃饭成了大问题。于是，小商小贩便抓住机会，在林盘中、河渠畔搭起一些简易席棚，在棚里放几张简易席凳，价廉便捷的小吃店就这样应时而生。打锅盔的，卖酸辣粉的，做玉米面馍馍的，弄肥肠粉的，还有煮茶叶蛋、醪糟蛋、汤圆的……躲空袭的人群充饥问题，便迎刃而解。因此，这类小吃，被时人呼为“抗战快餐”。

但这些“快餐”似乎仍未与“盖浇”沾边。改革开放初期，因人们工作实在太忙，“盖浇”食物才骤然在成渝兴起。川内其他市县跟风，以盖浇饭为主要形式的快餐，一时间成了小餐馆的盈利支柱。此间，快餐店如雨后春笋遍布街头巷尾。习惯慢生活的四川人，在新时代快节奏工作中，也得顺应潮流。如此一来，凡遇饭点时间，特别是中午时分，卖“盖浇”的快餐店，常常人头攒动，更有外卖快送，生意愈加兴隆。盖浇面或盖浇饭，品种应有尽有，让上班族时常更换，不会吃得单调乏味，也不再担忧因做饭吃饭而影响上班。

作为南方人，三天不吃米饭，就像丢了魂似的。而北方人，却又如此深爱面条。要说盖浇面，几乎所有的肉类蔬果都能和面条搭配，它的地位由此凸显。**牛肉面配肉脯拌饭料——这是一个多么美妙的结合！北方人与南方人众皆相宜。**

盖浇牛肉面配肉脯拌饭，内容实在，既有主食米饭，又有本地特产面条，营养又可口，烹调手法也不复杂。想吃，就用公筷盛些面（饭）在自己的小碗里，让同餐不同口味的人都喜欢。

盖浇牛肉面配肉脯拌饭

此菜味美，将汤汁浇于面条或米饭上，端着就吃。吃罢，精神一振，再举盏交谈，一阵天南海北，不亦乐乎！

这道新派川菜，使客人感到暖心的同时，也让人感到其技术含量不低，非一般厨师随心所欲可做。在宾馆内，盖浇牛肉面配肉脯拌饭经过了时间的考验，让点菜率一直居高不下。

用筷子掀起面条的盖头，夹起一块牛肉，肉粑，鲜嫩，入口即化，嚼之不腻，余味悠长。嚼上几口，又用汤汁拌饭，意犹未尽地舔了舔嘴边，这时，口腔立刻会弥漫开一股浓浓的牛肉香，那感觉真奇妙，让人吃了就停不下手中的筷子，尽情享受这优美的节奏，那嫩嫩的、滑滑的感觉，让人不忍心把美味的面条很快吞入肚里，只想让它在口中稍作停留，细细品尝，慢慢回味，随之，舌头不自觉微微上扬。那味，真绝。

客人获得了美食美感之后，往往对此菜还要做些评价，遣词造句也极为考究，为的是显示自己拥有的美食知识与吃货阅历。随后，还不忘对旌湖宾馆“盖浇牛肉面配肉脯拌饭”称赞一番，当然，更会夸奖这里的厨师手艺非凡。

清代袁枚《随园食单》云：“饭之甘，在百味之上，知味者，遇好饭不必用菜。”钱锺书先生说：“吃饭有时很像结婚，名义上最主要的东西，其实往往是附属品。”名人对美食的主张如此类似。所以，真正的食客在吃大餐之时，应注重把附属菜品好好体验一下，这样一定会增强对美食记忆、美食情感及美食文化背景的理解。

gàitóu léi

好记哑巴兔

yǎba tù

在德阳，近几年名为“哑巴兔”的餐厅如雨后春笋，眨眨眼就会冒出一家。一时间，“哑巴兔”八仙过海，各显神通，在消费者心目中的江湖地位越来越高。大厨们都称自己的菜品“根红苗正”，菜品来路正宗，味道地道巴适得板，可谓乱花渐欲迷人眼。

在群雄争霸中，一家名叫“好记哑巴兔”的餐厅不争不辩，并不把时间和精力浪费在争长论短上，而是淡定地用品质说话，用味道代言，在德阳黄许镇一隅的孟家，将生意做得风生水起。这黄许“好记哑巴兔”的掌柜江山，早在十多年前，就将“好记哑巴兔”创制传承人的金字招牌收入囊中，并在2019年获得旌阳区颁发的“非物质文化遗产黄许哑巴兔传统技艺”传承人称号。黄许“好记哑巴兔”作为中国川味百菜百味榜金榜菜品，在德阳可谓一枝独秀。

好记哑巴兔具有色泽鲜艳、肉质鲜嫩、肉味清香、滋味悠长的特点，或麻辣爽口，或清香脆嫩，或酥脆厚重，均能满足不同人的口感。在挑选食材及调味品上，他们都有严格的标准配比，在兔肉的处理、烹饪与秘方配料方面也有独到之处。

掌柜江山直言，其实选择“哑巴兔”的食材大同小异，但各种细节处理、品质叠加在一起，将每一道程序做到极致，就会口口相传形成口碑效应，从而形成品牌，塑造出舌尖上有较强辨识度的一道道美食。

好记哑巴兔的原料及制作方法

将兔丁码好味放到油里炸到九成熟，用漏勺捞出备用。锅内放入适量的油、花椒、姜、蒜，炒香后加入事先备好的青小米椒进行翻炒，加入少许高汤煮出辣味。再将兔肉倒入锅内烹煮五分钟，加入青花椒。最后加入适量的盐、味精，勾上薄芡起锅即成。

潇洒辣一回

侯为标

俗话说，酒好不怕巷子深，生活中有时味蕾的诱惑，经常不受大脑的支配。在德阳的美食里，说起黄许孟家的好记哑巴兔，许多好吃嘴们都会眉飞色舞，伸出大拇指啧啧

称赞。因为它代表着德阳人对于哑巴兔麻辣鲜香最初的认知和记忆。年复一年，好记哑巴兔的金字招牌声名远扬，成为响当当的德阳美食名片。

从城里到孟家仅半小时车程，好记哑巴兔餐厅门前绿树环绕，非常幽静。空旷的村落，只有五六户民居连成一排，给人一种世外桃源的感觉。可推开餐厅的玻璃门时，里面却是另一番沸腾的景象，每一桌都坐满了客人，还有在一旁眼巴巴等候翻下一轮的客人，那场面蔚为壮观。

江山作为东道主，热情地接待了我们。我也按照惯例客气地进行了一番推让。刚落座，三盘“硬菜”上桌。哑巴兔、仔姜兔、红烧兔闪亮登场。且不说分量之大，单是辣椒之铺张、之铺陈、之铺展，就足够让人眼睛直瞪瞪、圆睁睁，每盘菜除了鲜香的兔肉，都以辣椒为主角烘托。辣椒红得发亮，绿得泛青，上面还有花椒如繁星点点，麻辣叠加，顿时让人满口馋涎。

哑巴兔果然名不虚传，刚吃几筷子，半杯白酒入胃，汗水便吧嗒吧嗒从头发尖尖上往下滴，喉咙管火烧火燎，像要冒出火星子。临桌几位美女喝着冰啤，辣得“嗤嗤嗤”喊爹叫娘，额头上汗珠细细滚，心头热火腾腾升。桌子上摆满了一层又一层碎骨渣，美女们也早就将念经一样挂在嘴边减肥的事儿抛在了九霄云外。美食与胖瘦之间，味蕾占了上风，唇齿暂时完胜了大脑。大家似乎很享受这种辣得毫无底线重口味的刺激，难道一辣能解百忧？

恍然觉得，好记哑巴兔之所以受人追捧，其实“哑巴”二字就是最大的卖点、最好的广告。川人向来口味偏重，作为无辣不欢的四川人，要的就是辣得地道、辣得疯狂、辣得找不着北的那股劲儿。这让人想起一道叫伤心凉粉的名小吃。伤心凉粉是四川的汉族客家特色小吃之一，最早从内江客家人传入，是当年湖广填四川的广东客家人思念家乡时做的凉粉，一则因为思念而伤心，故得此名；二则是指该凉粉特别辣，吃了凉粉的人都会被麻得嘴巴翘、舌头木，辣得个个眼泪汪汪的。别人还以为真遇到了什么伤心事，其实只是味蕾上的一种“化学反应”。真是吃了“伤心”，不吃更伤心。

“好记哑巴兔”和“伤心凉粉”有着异曲同工之妙。江山从小喜欢吃辣，上学时就经常爱用小米椒拌饭。而和哑巴兔这道菜的渊源，更是有基因密码可寻。江山的爷爷辈家境殷实，有绸缎庄、当铺、钱庄等。江家好食兔肉，当时，家人按照文化名人李调元《醒园录》记载的方法，烹饪出一道香喷喷的油炒青椒兔，结果所有人都夸赞其味道奇美无比。此后，油炒青椒兔这道菜就成了江家逢年过节时餐桌上的必备菜品。

时光荏苒，江家人好食兔肉的爱好并未改变，油炒青椒兔也成为江山手里一道家传名菜。大学毕业后，江山在很多人眼里觉得不错的单位工作了一年，因念念不忘儿时吃过的油炒青椒兔，便果断辞职下海，干起了自己擅长的餐饮行业。在“兔系列”的基础上发扬光大并进行了改良，推陈出新，满足消费者更多更新的需求。

“好记哑巴兔”餐厅开张时，不少人嘲笑江山是神经搭错了地方，名字怪怪的，误以为是哑巴开的店。其实取名“哑巴兔”的初衷，一是指菜一端上桌，食客就顾不上说话——只管拿着筷子拈食；二是因为兔肉辣味浓烈，食客边吃边咂舌犹如哑巴一样。

多年来，江山以“哑巴兔”为品牌，十八般厨艺围着一个“兔”字转，志在将“哑巴兔”系列打造为德阳乡间的美食地标。而顾客天天就餐时排队等候打拥堂的盛况，已是“好记哑巴兔”餐厅的常态，也是对江山多年勤奋探索的肯定。2018年，黄许“好记哑巴兔”被评为四川电视台“舌尖上的四川”上榜品牌；2019年，被列为旌阳区非物质文化遗产传统技艺项目；德阳十大特色美食好味道；2022年，被评为文明诚信经营户。

当生意一直做得顺风顺水时，江山也没有忘记背负起自己的社会责任。每到重阳节时，他都会带领团队去敬老院看望老人，送去食品和物资，每年六一儿童节，都会去当地小学捐资捐物，慰问需要帮助的学生，尽上自己的绵薄之力。

我们一边抹汗一边大快朵颐，吃得嘴巴吸溜溜的，吃得眼睛鼻子水灵灵的，眼泪鼻涕齐涌。**一顿哑巴兔吃下来，全身像洗桑拿一样热气腾腾，美食在岁月中流淌出别样的诗情画意。**

当夏日的季风吹过田野的麦浪，当夕阳在龙门山脉渐渐褪尽之时，许多都市男女就会舍近求远，到“好记哑巴兔”餐厅去打夜卡，将白天职场上的兵荒马乱抛在脑后，举杯PK，尽情释放自己。或许我们要的就是轰轰烈烈辣一回，辣得潇潇洒洒，辣得香喷喷的、火辣辣的，辣得过瘾，辣得没有“底线”的感觉。在美食中治愈，再发条短视频晒在朋友圈嘚瑟一下，刷一下存在感。

就算现实生活中压力再大，也不能委屈舌尖上这种单纯的快乐，也要将平庸琐碎的日子过得有盐有味。

回锅鲍鱼

bàoyú

回锅肉，对四川人来说，那是家家户户餐桌上常见之菜。鲍鱼，作为营养价值非常高的海鲜，就算是长居海边的居民，因其价格并不便宜，所以虽常见却并不见得常吃，常作为招待贵宾的珍馐。两道相隔千里之远、万里之遥的菜品，来个隔空握手，于餐盘相聚，彼此交融，既提升了回锅肉的档次，也让鲍鱼进入寻常百姓家，不得不说，的确独具匠心。

德阳“666家宴”的老总彭林，为招待贵宾独创出新菜品——回锅鲍鱼，以跑山猪二刀坐墩肉与新鲜鲍鱼为主食材，潼川豆豉、天津面酱、新鲜蒜苗为辅料。那海陆融合、回味悠长的混搭，出品即抓住了客人眼球，撩拨客人心扉。从此，回锅鲍鱼成为“666家宴”的招牌菜，吸引了无数回头食客。更有外地客人仅为一盘回锅鲍鱼慕名而来，饱了眼福与口福后才心满意足地离开。

海陆融合　回味悠长的混搭

唐雅冰

“鱼吃跳，猪吃叫，回锅肉最佳为二刀。”蜀中传统名菜回锅肉，作为川菜之首，自然是川人最熟悉的菜了。无论寻常百姓家还是官宦人家，不管日常生活还是招待贵客，桌上如果没有一盘热气腾腾的回锅肉，仿佛就少了点什么。作为家庭“煮夫”或者家庭“煮妇”，不能随时端上一盘色香味俱全的回锅肉，都不好意思说自己会下厨。回锅肉，就这样以肉质鲜嫩、口感独特、香味浓郁而备受大家欢迎。悠悠然游走于四川人的血液，带着家的味道，含着一方水土特有的温馨，传递着亲情、爱情、友情，在烟熏火燎中翻炒，为四川人火辣辣的性格里注入一份温润。

鲍鱼非鱼，属于软体动物，贝壳呈椭圆形，生活在海中。它以高蛋白、低脂肪、味道鲜美、营养丰富而拥有海洋“软黄金”之地位。然而这家伙盗得“鱼”之名，却因给人带来嗅觉上的强烈冲突，在“鱼界”一直名声不太好，古有“臭腌鱼”之别称。“入芝兰之室，久而不闻其香;入鲍鱼之肆，久而不闻其臭”，古人更是把它与芝兰放一起，来强调香与臭两个极致。不过，鲍鱼的味道、营养价值与餐桌上的地位也不是一般鱼可比的，一场高规格的宴席，如果少了鲍鱼，仿佛就不够上档次。家有贵宾至，一道鲍鱼，无论是清蒸、红烧还是爆炒，一下子就提高了接待档次，主人脸上有光，客人也倍感荣幸。

回锅肉、鲍鱼，两道原本风马牛不相及的菜品，一个在蜀地风光，一个在海滨张扬，长期以来在各自领域相安无事。偏有蜀中大厨彭林，突然脑洞大开，一个嫁接，成就了一道美食——回锅鲍鱼。

话还得从头说起。德阳市旌阳区珠江东路有一家饭馆，名曰“666家宴”。其招牌满满的传统寓意，一有六六大顺之意；二则借德阳孔庙之灵感，希望菜品也能如孔子编撰的“六经”一样源远流长；三借“六”谐音“牛”，老子骑牛，紫气东来。总之，“666”皆为祥瑞之意，“家宴”则有宾至如归之感，好像回到家一样。饭馆老总彭林性格豪爽，友朋遍天下。某日，几个朋友自东港而来，还带来海港名贵特产——新鲜鲍鱼。有朋自远方来不亦乐乎，老彭自是乐得不可开交，不亲自下厨弄几个拿手好菜怎能体现作为东道主的热情。问题来了，朋友点名要吃传统川菜，这可让老彭为难了，要吃传统川菜甚至是德阳特产，那还不容易，回锅肉、风干兔、什邡板鸭、蒜苗炒腊肉、尖椒小炒……对他来说都不在话下。可是，他总觉得少了点什么，无法表达自己对朋友的满腔热情。正在抓耳挠腮之际，看看朋友带来的海中贵族——鲍鱼，他灵机一动，突发奇想，能不能来个海陆联姻，将跑山猪肉与鲍鱼相结合，独创一道回锅鲍鱼？

心动立即付诸行动，他取来新鲜跑山猪的二刀带皮坐墩肉，先把锅烧热，将肉带皮一面放到锅中烧至起泡，然后加水放入姜、葱等慢慢煮至七分熟，等起锅冷却后切成薄片待用。另外一边，将鲍鱼拾掇干净放入高汤，煨20分钟左右捞出。一切准备妥当，点火、倒油、扬勺，看准火候，油刚刚冒出第一缕青烟时倒入猪肉，飞快翻炒、掂勺，加入潼川豆豉、天津面酱。待煸至皮肉化渣时，再倒入鲍鱼，翻炒几圈后，加蒜苗等辅料，起锅、摆盘。微卷的回锅肉、肥嫩的鲍鱼、保持新绿的蒜苗、黑黝黝的豆豉，再配一朵小黄花装饰，色泽鲜亮、香气扑鼻。新菜出炉，老彭三分骄傲、七分忐忑，战战兢兢把回锅鲍鱼端上桌，眼睛一动不动地紧盯着朋友们的脸色。山上跑的猪和海水里蠕动的鲍鱼联姻，传统川菜与沿海特产同时盛装登场，地域被一盘菜打破。刚才还在高谈阔论的朋友们瞬间集体失声，眼球全部被吸引了过去，短暂沉默后爆发出一阵惊呼。手起筷落，回锅鲍鱼入口，其中猪肉肥而不腻、鲍鱼糍实鲜香，那爽滑的滋味瞬间盘踞味蕾之上，挥之不去。客人既品到了正宗的川味，又在他乡吃到了家乡的至味，自是感慨不已，赞不绝口。回锅鲍鱼，从此成为“666家宴”的招牌名菜，并在推广中不断改进，从配料的选择到食材的多少都反复尝试。**而今每盘菜取10个鲜鲍、10片猪肉，契合国人传统意识里十全十美之意，更得食客之偏爱。**

一次招待友人的突发奇想，成就一道深受食客喜爱的新菜品。两地食材的混搭，未食其肉先嗅其香，一品其肉自此难忘。

应友人之邀，我曾两次前往“666家宴”，并慕名品尝回锅鲍鱼。佳肴入口，闭目感受那淡淡油腻间夹杂的鲜嫩爽滑从舌尖一路上行，通过舌面舌根在嘴里弥漫开来，然后一步步入喉入胃入心。想蜀中美食者不乏其人，清代蜀中三大才子之一李调元将江南菜与川菜有机融合，造就了川菜首部饮食专著《醒园录》。一代文豪苏东坡从眉山出发，开始坎坷的仕途，不是被贬就是在被贬的路上，他所到之处，不光留下美文，也留下美食，东坡肉、东坡肘、东坡豆腐、东坡羹、东坡饼、东坡鳊鱼、东坡烧麦……一首《自题金山画像》“心似已灰之木，身如不系之舟。问汝平生功业，黄州惠州儋州。”概括了其一生。特别是在儋州时，东坡先生对生蚝一吃上瘾，留下《食蚝》一文：“己卯冬至前二日，海蛮献蚝。剖之，得数升。肉与浆入水，与酒并煮，食之甚美，未始有也。又取其大者炙热，正尔啖嚼……每戒过子慎勿说，恐北方君子闻之，争欲为东坡所为，求谪海南，分我此美也。”短短一文，尽显其豁达乐观。想儋州也盛产鲍鱼，不知什么原因鲍鱼竟然没有入东坡之嘴、之文。作为从眉山走到沿海地区的美食家，若别人送他的不是生蚝而是鲜鲍，他是否会把猪肉与鲍鱼相结合，既解馋也解思乡之苦，让回锅鲍鱼这道菜提前推出千年，成为东坡回锅鲍鱼呢？

回锅鲍鱼，不早不晚，诞生得刚好；不油不腻，味道刚好；不浓不淡，情谊刚好。

金橘大伞牛肉

dà sǎn niúròu

探店之前，我特意在百度上做了一下功课，想多了解一点金橘大伞牛肉的来历。遗憾的是有用的东西并不多，输入“金橘大伞牛肉”几个字后，网页跳出来的差不多都是关于粉蒸牛肉的各种做法和点评，真正和“金橘大伞”四个字沾边的内容很少。

金橘大伞牛肉并没有高光的历史记载，更别说明确的流派和秘籍，也并非土生土长自德阳的传统菜系。它从哪里来？究竟是如何走向大众餐桌的？我心里一连串大问号。顺藤摸瓜，来到德阳南公园三星堆文化长廊旁的新名家坊中餐馆寻找答案，在店招并排的墙上，还有一排蓝色字格外醒目：“家门口的本味厨房。”这貌似新名家坊中餐馆吸引消费者眼球的标语，又或者是一种间接推销？

大厨看上去是个憨厚爽快的人，并没有装神秘绕弯子，而是知无不言，告诉我们金橘大伞牛肉的来龙去脉：“大伞粉蒸牛肉”起源于八十多年前，当时，一位姓穆的回族厨师在彭州城街边上撑起一把大伞，吆喝经营回族特色美食。因为他的味道好、价格公道，所以深受人们的喜爱。过往行人有的直接打包带走，有的则围坐在伞下喝二两，摆起了龙门阵，水汽缭绕的小笼蒸牛肉，热气翻滚，满街飘香，很快成了路人们抵不住的诱惑，成为当时一道流传街边的民间菜品之一。

“大伞粉蒸牛肉”虽然凭借价廉物美得到许多食客的青睐，但因为颜值等原因一直很难登上大雅之堂，只能长期在苍蝇馆子流行，成为厨艺人谋生的必推菜品，鲜有上正餐大场面的机会。想吃一份正宗地道的“大伞粉蒸牛肉”，似乎也不是张口就来的事情。

不过“有味”走遍天下，好吃就是硬道理的美食理

念并不深奥。如今，传统“大伞粉蒸牛肉”摇身一变，被德阳的名厨精心雕琢、提档升级，贴上“金橘大伞牛肉”的标签后，“堂而皇之”走向了德阳新名家坊的餐桌，并自带流量，成为这里的一道网红菜。金橘大伞牛肉被大火在蒸笼里蒸熟后，混合出清幽的橘香，还依然保持着优美的造型，橙红吸眼，色香味让人垂涎欲滴。尤其是“金橘”二字含金量高，既有金色吉祥的意蕴，又契合了人们对美好生活的祈愿。

金橘大伞牛肉的原料及制作方法

主料：牛肋条、大米、红苕、红橘壳

调料：精盐、鸡精、花椒、酱油、姜米、菜籽油、红油、蒜泥、香菜

味型：家常麻辣味

制作方法：将牛肋条改成3厘米长的条备用，红苕切成3厘米的条蒸20分钟备用。红橘去瓤备用，牛肋条用清水漂洗沥干水分后，依次加入花椒、酱油、姜米、菜籽油、盐、鸡精抓拌均匀，再腌制30分钟后，放入炒好的大米抓拌均匀，然后一起置于碗中。锅中加入适量清水，把裹上大米的牛肉上锅蒸90分钟，直至牛肉熟透。这时将蒸制好的红苕放入橘子壳底部，再把蒸好的牛肉放在红苕上，淋上红油、蒜泥、香菜，最后将橘子完整盖上后再蒸5分钟即可。

特点：牛肉香糯、橘香回味

华丽转身的大伞牛肉

侯为标

新名家坊中餐馆是个很应景的地方。室外，三把大伞下放着三张条形餐桌，食客可一边欣赏落日夕阳，一边品尝美食，这样惬意的体验，让人感到人间值得。

硬菜一端上桌，就惊艳到每个好吃嘴的眼球。这道金橘大伞牛肉颇为讲究：瓷盘上，竹质蒸笼里12个红橘完美列队一样朝上立着，接受食客们味蕾的检阅；传菜员别具匠心，在瓷盘下放上食品专用发热包，顿时轻烟袅袅。掀开红橘上面的盖子，溢出的香味从餐桌弥漫到了整个南公园。深吸一口气，闻着味就能撩拨你的食欲。此刻，吃的不是牛肉，而是文化，是感觉，是情调，更是艺术。

金橘大伞牛肉以牛肋条肉为主料，辅以大米、红橘壳、红苕混搭，姜米、花椒、油辣子、蒜泥、香菜等为佐料，烹制1小时后，牛肉和金黄色红橘的天然香气完美结合，满口溢香，糯而不腻。牛肉中含有大量的锌、铁、蛋白质、维生素B，红橘有理气消食、止咳平肝、生津开胃、化痰醒酒的功效，二者兼容，鲜香无敌。

掌勺的大厨寇冬介绍，为了将这道菜改良成招牌，他们绞尽脑汁，拜师学艺，取众家之所长。川菜大师武兆林老先生言传身教，亲自在家里制作，传授技术特点和要领，请好吃嘴们一次次试吃，品头论足分享舌尖上的感受。终于使金橘大伞蒸牛肉华丽转身改变了身份，从街边摊进入大众餐桌，并日渐兴盛。除了味道，烹饪制作也十分讲究。以红橘掏瓤为例，用力不均，轻了很可能除瓤不干净，重则碎其

身容易破皮，若拖泥带水导致鲜汁滴流，口感会大打折扣。一个步骤接一个步骤，堪称是一门精致的手工活。有的厨师虽照此去做，却手不从心，手熟毕竟得靠无数次的实践才能练成。

说一千道一万，味道才是衡量菜品不二的标准。大厨寇冬更是个完美主义者，他15岁起就在锅碗瓢盆中闯荡江湖，对美食有着与生俱来的热爱。如今28岁的他，已是德阳名厨光环加身。2017年，参加德阳地方特色大赛获优胜奖；2018年，成德厨艺交流大赛获优胜奖；2019年川菜百菜百味榜“香煎小黄鱼”“名家麻辣血旺”获金榜菜品；2021年“名家坊”获德阳餐饮名店称号。“香煎小黄鱼”“名家麻辣血旺”获德阳名菜美誉，“红糖糍粑”获德阳名小吃称号。2022年，寇冬与德阳众多餐饮企业一起，代表德阳餐饮进省政府食堂展示德阳特色菜品。

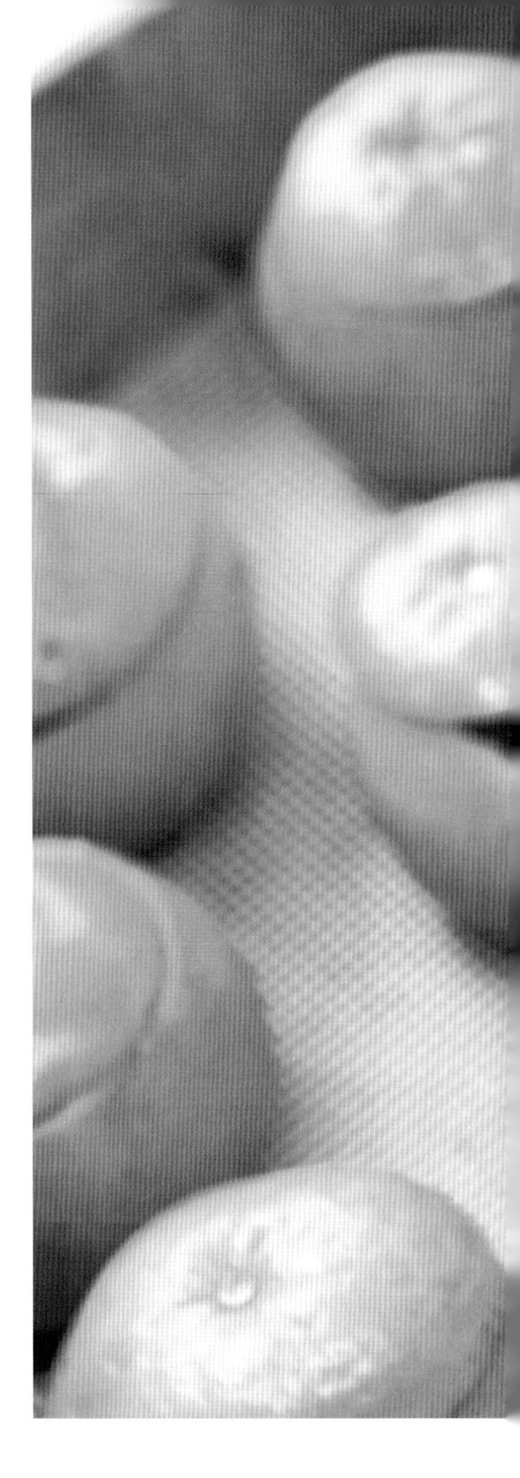

任何成绩的取得，没有偶然，只有必然。唯有反复探索舌尖上的美味，才能留住更多的回头客。数智时代，名家坊率先使用开放式厨房经营，实施菜品标准化管理。所有菜品录入电脑，从原材料、调味品等繁多的品类中立项、计量到制作流程等众多数据进入电脑。每一套菜品的配比实行数字化管理标准，量身定做，决不凭大厨的手感自由发挥，严格打表，从客观上确保了菜肴的品质。

制作招牌菜时，寇冬每次都会亲自下厨，有些菜品甚至熟悉大厨的指纹、体温，烹饪技巧也是有记忆的，换个人，它不一定就那么顺服。仅金橘大伞牛肉一套菜，寇冬就边做边研究了七年之久，可谓七年磨一剑，让过去苍蝇馆子里的粉蒸牛肉多了一种新标签，成为顾客们的最爱。“找到自己喜欢做的事，并脚踏实地坚持做下去，就能在激烈的行业竞争中，占有一席之地。”寇冬信心满满地告诉我们。

我毫不怀疑，美食能让人快乐，让人亢奋。月色下，南公园五彩缤纷的灯光若隐若现，时不时交织到餐桌上，魅惑叠加，让人食欲大增。品尝名厨寇冬为我们精心做的金橘大伞牛肉、香煎小黄鱼、名家麻辣血旺、红糖糍粑……我们举杯转圈，个个抹着油嘴吃得意犹未尽，时间的碎片也在唇齿留香间悄悄溜走。恍惚之间，觉得这个初夏的夜晚过得特别有滋有味，值得让人流连回味半个夏天。

金橘大伞牛肉

旌城青菜圆子

qīngcài yuánzi

如果说商场如战场，那么餐饮业在我看来更像一个武林江湖，餐馆犹如武林门派，招牌菜就是立身的独门绝技。一些餐馆甚至直接用某道菜名做餐馆名，老板（往往是大厨）对自身武艺的自信不言而喻。

早些年在德阳城东的西湖街，有一家名叫“青菜圆子”的中餐馆，常年门庭若市，食客如云，不分男女老幼，呼朋唤友举家而至；每逢周末或节假日，翻台三四次是常事。以至于有人说，同一条街上另一家开业更早原本生意还不错的餐馆，就是因为这边的火爆，人气一路跌落，不久就关门了。而这家“青菜圆子”，主打的就是一道青菜圆子的菜。没去吃过的人不免感到好奇，这青菜圆子不是四川人从小吃到大、家家户户都会做的家常菜么，如今竟成了席桌上的硬菜，让一城的好吃嘴们纷至沓来还百吃不厌，这其中藏着什么玄机?

餐馆老板名叫李朴，有着“中国烹饪大师”称号，说起自己发明的这道青菜圆子，就像艺术家说起自己的杰作一样难掩兴奋。据他讲，当年餐馆一天能卖出1000多个圆子，一桌人吃了一份嫌不过瘾，就再点一份，甚至遇到过一桌人每人点一份青菜圆子吃的（小份12个圆子，大份16个圆子）。李朴说，其实这菜，就是家常青菜圆子的升级版，主要有几个方面的改进：汤是用鸡、鸭、猪骨等熬一天一夜吊的高汤；圆子是用青菜叶或白菜心包裹后放进蒸箱蒸，代替了水煮；汤内另加入三四种菌菇，如杏鲍菇、白玉菇、香菇等。而圆子好不好吃，还有几点也很重要：首先所选用的肉必须是七分瘦三分肥的夹缝肉，即猪脖子后面、猪前腿上方的肉，这个部位的肉平时活动最多，最适合做肉圆子；其次是为

了吃起来Q弹劲道，必须用手工剁肉馅儿，如果是机打的肉末口感会差很多；再就是肉馅搅拌过程中，必须耐心地反复搅打抓摔，其间渐次加入蛋清、姜汁、水芡粉等，每加一次都要充分搅拌均匀，如和面一样，不停地揉弄使其具有黏性。

李朴将这道菜命名为“旌城青菜圆子”，德阳独创，德阳独有，德阳人都爱吃。其在传统家常川菜中融合了鲁菜的吊高汤的做法，又适应了现代人偏重健康营养清淡的口味，因此成为德阳新派川菜美食的代表菜品之一。

JINGCHENG

于平凡中见不凡

刘春梅

第一眼见到李朴，只觉得人如其名，一个外表朴实无华、其貌不扬的人，多聊上几句后，脑海中不禁想起了那句“真人不露相”。三年前，他在老家什邡新开了一家“醉雍城”，一座以承接各类宴席、休闲娱乐为主的四层大酒楼。开业第11天就遇上了新冠疫情暴发，餐饮业最困难的三年，新酒楼熬过来了。

李朴是土生土长的什邡娃，小时候是个“匪头子”，逃学是常有的事。高三那年，考大学是没指望了，父亲告诉他：“成都有个烹饪学校在招生，你不是喜欢弄饭吗，那就去学厨师吧。”他欣然同意了。1988年，从烹饪学校三年学成毕业，从此成为一名“科班出身”的厨师，至今他还能背诵当时学过的《吕氏春秋 · 本味篇》《随园食单》中的一些烹饪要诀。

“在德大和旌湖宾馆，我是出了名的炒菜第一快手，没有哪个不服的，都是当的头锅。”说起年轻时的光辉岁月，李朴颇有几分自得。所谓头锅，就是一个酒店里炒菜速度最快、技术最好的，地位仅次于总厨、厨师长，负责酒店的重点接待，尊贵的客人来了，就得他出面。不夸张地说，那些年到访德阳的国内要员、国际贵宾，几乎都吃过他炒的菜。但如果光有技术，会有旌城青菜圆子这道菜么？未必。电影《食神》里说，厨艺之道就是一个字：心。只有用心，才能做出无懈可击的美味。李朴说，当客人们吃了自己的菜赞不绝口，那就是一个厨师最幸福的时刻，而他也会为了这种幸福，追求每一道菜的极致口感。

qingcai yuanzi

当一道做好的旌城青菜圆子呈上桌时，放眼望去，并不能一下子勾住你的眼，因为从外形上看，它长得实在太普通了。没有各式菜品标新立异的造型，也没有云遮雾罩的修饰，只有开门见山的实诚。如果作为主打菜来说，简直朴实家常得有点过分，跟宾馆餐桌上其他珍馐比起来，可算是清汤挂面的“灰姑娘”了，只有那纯净、透亮、浅金黄色的汤仿佛在诉说着什么秘密。汤表面浮着的少许油脂，犹如碧水上的点点波光，一闪一闪的透着几分顽皮。先喝汤还是先吃肉圆子？我不是广东人，按照咱们四川人的规矩，先用筷子夹起了一个圆子，轻轻一口咬破，菜叶的清香和肉圆的滑嫩在口腔中共鸣，再吃一口，爽口弹牙，有嚼头，不腻，软糯如云，细碎的肉末在齿尖慢慢舞动缠绵，心也随之变得轻盈起来。肉圆子常有，但这种口感的肉圆子却好久没吃到了。

该喝口汤了。诱人的汤色早已撩动了心扉，点缀其间的几种菌菇，都在宣示着这汤不甘只是这道菜的配角。凑到鼻子边先闻一闻，有熟悉的鸡汤味。喝一口到嘴里，汤味浓厚却清闲淡雅，不油不腻，鲜香怡人。一碗下去，意犹未尽，直到把盆里的汤喝得干干净净才罢休。对追求健康养生的现代人来说，这道青菜圆子真是太贴心了。李朴说，他们有句行话，一锅汤“无肚不白、无鸡不鲜、无鸭不香、无蹄不浓。”他的这锅汤就是遵守古训，用鸡、鸭、猪肚、猪蹄等混合，熬制了一天一夜，打出头汤，再加汤滤出浑浊悬浮物，形成二汤。旌城青菜圆子用的就是最好的二汤。

“唱戏的腔，厨子的汤。”制作高汤是一个厨子的基本功，用高汤来提鲜是中餐的一大特色。《吕氏春秋》“本味篇”里提到，“凡味之本，水为最始”，可见，中国人喜欢喝汤、善于制汤的历史由来已久，一餐美食，汤才是灵魂，如果哪一餐没有汤，哪怕吃下再多的山珍海味，也会让人觉得缺少了点儿什么。李朴的这道旌城青菜圆子很容易让人联想到开水白菜，最简单最普通的食材被做成了经典菜、国宴名菜，低调的外表下，是一种简约而不简单的态度，不显山不露水但内有乾坤的涵养。有人说，开水白菜代表着一种做人的境界，旌城青菜圆子又何尝不是，于平凡中见不凡，于无声处悄然绽放。

菌汤鸡豆花

jī dòuhuā

汤，在很多菜系中一直充当配角，很少作为“硬菜”。有些地方的餐厅上菜前会上一道例汤，名为“开胃”，实则用汤汤水水先安顿焦急等菜的客人。客人也不大计较味道和口感，反正闲着也是闲着，不喝白不喝。

四川人对汤似乎要求高一些，汤虽然很少成为饭桌上的焦点，但酒足饭饱吃到最后时，都会端上一碗醒酒的汤菜。无论饭局大小，汤肯定是不能缺失的。

最近在什邡峨眉酒家品尝的一道菌汤鸡豆花，完全刷新了过去我对汤菜的认知。味道鲜香，令人垂涎，堪称汤中上品。据传，鸡豆花是四川地区以鸡肉和火腿为原料的特色传统名菜。关于它的来历，名菜谱中似乎并没有专门的记载，但民间却有两种说法。有人说它是一道近代名菜，距今不过百年历史。在20世纪初出版的《成都通览》和清末时的《四季菜谱摘录》中，对这道汤菜均有记载。而另一种传说更为久远，说鸡豆花始见于唐朝。当年李承乾因谋反被废，父亲李世民爱子深切，不忍杀之，便将他发配到郁山。曾是一人之下万人之上的太子，过惯了锦衣玉食的奢华生活，来到这偏远莽荒之地后，茶饭不思，终日以泪洗面，后悔当初所为。善解人意的厨师不断为他变换口味，但都无济于事。直到厨师发明了这道佳肴，太子终于有了食欲，并逐渐成为他餐桌上的最爱。鸡豆花经过一千多年的流传，因其色泽晶莹、味道鲜美，成为川菜中的阳春白雪。

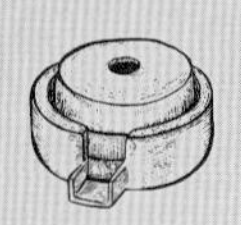

已故中国国宝级烹饪大师蓝其金（四川什邡人）在传承前人菜品的同时，对其进行研究改良，并亲手传授给他的得意门生陈虹。在传统鸡豆花特制清汤的基础

上，加入了什邡蓥华山野生羊肚菌等食材，让汤色如茶，增加了鸡豆花的美感。鸡豆花外表清淡，食之香浓，仿佛盛开的茉莉花，在清冽中给人以温暖的芬芳。其色泽雪白，外观不似鸡肉，食之胜似鸡肉。而这道菜的功夫或者说秘籍，主要体现在汤和食材的“化学反应”上，口感和营养兼备，使其成为今日峨眉酒家餐桌上一道名副其实的硬菜。

菌汤鸡豆花的原料及制作方法

菌汤鸡豆花味型：咸鲜味

烹调方法：冲、熬等

成菜特点：汤鲜味美、色淡雅、质细嫩

原料：老母鸡脯150克、鸡蛋清4个、菜心5克、水淀粉40克、枸杞3克、味精2克、胡椒粉0.5克、特制菌汤850克、清汤150克、盐3克、料酒5克

制作方法：将鸡脯肉去筋膜，用刀背捶成极细的茸泥，剔去筋，盛入碗内，用冷鲜汤50克调散，加入鸡蛋清、水淀粉、盐、胡椒粉、料酒，清汤100克充分调匀，呈稀糊状；菜心用开水焯一下用清水漂冷备用。

炒锅至旺火，下清汤700克烧沸，随即将搅匀的鸡浆冲入，用炒瓢轻轻推几下，待烧至微沸将锅移至小火上，盖上盖燋20分钟，凝聚呈豆花状时，将豆花舀入碗中。接着，再沿碗边注入特制菌汤，放上温水泡好的枸杞、菜心等点缀即可食用。

一碗汤的诱惑

侯为标

岁月荏苒离不开人间烟火。大厨们用五千年的经验传衍，总结出“辛酸甘苦咸”舌尖上的五味，并不断征服人类的味蕾，可谓煞费苦心、大费周章。名厨们锲而不舍，在“寻味”路上倾注了大量的心血；与他们零距离接触时，会禁不住投去仰视的眼神。

正值芒种节，天还没大亮的时候，微信里跳出一条信息，是峨眉酒家总经理陈虹发来的“六六大顺”的问候信息，图片左上角显示，他连续早起1455天，而当天早起的时间是5：26。这条短短的微信，解读起来其实信息量不少，甚至让我等懒散之人有些汗颜。陈虹作为事业有成的名师，在圈内的名气我早有耳闻，但他日复一日、每天坚持早起的习惯，我并不知道。看来，越优秀的人越勤奋，光鲜的背后，是比常人更努力的付出。

跟着导航坐标到什邡峨眉酒家时，一袭白衬衣职业装的服务员已经把水果、茶点张罗妥当了。陈虹属于见面熟的性格，刚寒暄几句，就像老朋友一样无话不谈。我们有同频的话题，有共同认识的好朋友，聊创业，聊美食，娓娓道来，一听就是个有故事的人。

切入正题时，我心里对陈虹的几分敬意油然而生，因为他的成绩单真的非常亮眼。峨眉酒家自开业以来，连续十多年被什邡市政府评为“国内贸易工作先进单位”“商贸流通工作先进单位”“商贸服务业先进单位”“安全生产工作先进单位”“抗震救灾先进集体”。酒店先后被评选为省烹饪协会理事单位，荣获“四川省餐饮名店”“川菜发展优秀企业”“川菜辉煌30年卓越企业奖”“中国餐饮30年优秀企业奖”“2018四川省优秀餐饮企业”“川菜品牌企业卓越贡献奖”等荣誉。拥有注册中国烹饪大师两名，川菜名师两名。多次在国家级、省级大赛中获得殊荣。

陈虹毕业于绵竹饮食技工学校，1985年起从事餐饮行业，具有扎实的烹饪理论

知识和专业技术；1991年，拜师中国烹饪大师蓝其金，在技术和管理上得到了质的提升；1994年，在德阳市饮食服务公司的支持下，他和什邡职业中学共同创办什邡烹饪学校。1997年底，他亲任主讲老师，举办培训班多批，为德阳市和什邡地区先后培训中高级厨师数百名。他经常带队在省内外各大酒店进行技术交流，培训餐饮人才；多次在国内专业期刊、报纸上发表专业文章，为推动川菜走出四川，传播川菜烹饪文化和技艺做出了一定的贡献。2005年，陈虹被中国烹饪协会录入《中国烹饪大师》一书；2008年，被录入《中国川菜100人》；2016年，被录入《四川省志——川菜志》。他获得省劳动厅颁发的职业技能鉴定考评员证书；被中国商业联合会、中国烹饪协会授予“中国烹饪名师”称号；获评“川菜发展优秀职业经理人”；2012年，考取高级公共营养师；2016年，当选为四川省烹饪协会副秘书长；2018年，被中国烹饪协会评为“改革开放四十年中国餐饮行业企业家突出贡献人物”；2019年，荣获“川菜创新突出贡献奖”，中国烹饪协会授予“注册中国烹饪大师”称号，并考取中国烹饪协会注册裁判员；2021年，继任全国百佳师门川菜蓝氏师门掌门人；2023年，获得中国烹饪协会颁发的“功勋人物奖”，5月又荣获首批“川烹匠心”称号。

陈虹谦虚地对我们说，荣誉只是外在的一种标签，当然也是对自己的一种激励和鞭策。餐饮行业要基业长青，还是要走特色品牌化发展之路，只有味道为王，才能留住回头客。要想留住客人的心，就先要留住客人的胃。

午餐时，他指着面前的一碗菌汤鸡豆花，请我们先舀一勺尝尝，那可真是一个“鲜”啊，独有的味道瞬间征服了我的味蕾。好吃嘴们啧啧称赞，忍不住再连续喝上几口。香留齿间，鲜存胃间，有鸡肉和野菌的鲜香，有蔬菜的原香，有多种口感的混香。第一道汤菜，就把食客们的情绪调动起来，让吃喝之事，恍然间变成一种红尘安详、岁月静好的满足。

陈虹神神秘秘地告诉我们，这道菌汤鸡豆花大有来头，是中国国宝级烹饪大师蓝其金先生亲手传授给自己的一道“国宴菜”，也是峨眉酒家的金字招牌。很多消费者都冲着这道菜来打卡，因此也成为名副其实的网红菜。在物质极其丰富的当下，消费者的胃口越来越挑剔，再豪华的餐厅，若没有几个像样的招牌菜，是难以吸引回头客的。

接着他又为我们介绍另一道主打菜，巧拌蓥华跑山鸡。这道菜以位于海拔2000多米的蓥华山散养一年以上的土鸡为主料，得天独厚的地理优势和天然环境，使得这里的村民散养的鸡供不应求。同样是凉拌鸡，但前面加上“跑山”二字，身价就变得很不一样。陈虹开玩笑说，蓥华山的鸡，喝的是山泉水，吸足了负氧离子，肉质劲道，口感醇厚，受到美食爱好者的喜爱。巧拌跑山鸡和菌汤鸡豆花构成“双核”组合菜系，在餐桌上珠联璧合，很多时候需要提前预约，才能满足舌尖上的享受。

酒家的服务也颇为到位，平时要求每餐为客人换三次以上的餐盘，上三次香巾，烟缸内烟头不能超过三个，非常注重客人的就餐体验，让吃得舒心、服务暖心、宾至如归的零距离氛围，覆盖就餐全过程。很多细节也诠释了陈虹脚踏实地，从一名普通厨师成长为酒家总经理的心路历程，以及他对待工作的匠心精神。

席间，陈虹接了多个订餐电话，不停地对接客户的需求。当我忍不住把碗里的菌汤鸡豆花汤汤水水喝完时，陈虹嘴角上扬，用笑声收尾说，看来明天又得早起，充实的生活就是需要忙忙碌碌。

菌汤鸡豆花

罗江『金面子』蒸猪头

zhēng zhūtóu

清乾隆年间，罗江人李化楠、李调元父子在《醒园录》中记载了121种菜肴的烹饪方法，蒸猪头是其中之一。书中记载“第二十七法 蒸猪头法：猪头，先用滚水泡，洗刷割极净，才将里外用盐擦遍，暂置盆中二三时久。锅中才放凉水，先滚极熟，后下猪头。所擦之盐，不可洗去。煮至三五滚捞起，以净布揩干内外水汽，用大蒜捣极细（如有鲜柑花更妙）擦上，内外务必周遍。置蒸笼内，蒸至极烂，将骨拔去，切片，拌芥末、柑花、蒜、醋，食之俱妙。”

两百多年后，罗江白马关的民间厨子尹华兴对流传于罗江的蒸猪头很有心得，在长期的制作过程中，为适应现代食材及口味的一些变化，总结出新加去腥、回香的“一泡一卤一蒸”的方法。女儿尹秀芳得到了父亲的言传身教，继续保持蒸猪头的制作技艺。如今，尹秀芳的儿子金伟经营的餐厅将蒸猪头发扬光大，成为餐厅的招牌菜，取名为“金面子”。餐厅命名为“金面子”酒家，一语双关，既指新法蒸制的猪头表面金黄，脸上有光，餐厅老板的姓氏也融入其中，引人回味。

与《醒园录》中的蒸猪头相比，“金面子”最大的改进是增加了“卤制”程序。“金面子”蒸猪头的做法：将一只完整猪头对半分开，明火去毛，然后放入滚水中浸泡半小时。再将猪头刮洗干净，晾干水汽。晾制的时候，用盐涂在猪头表面，然后放花椒、姜、蒜、八角、茴香等十三种香料腌制两天。腌好后放进水里煮，目的是洗净去腥味。再放入家传老卤进行卤制，至七成熟。最后是蒸，直到极烂时出锅，上桌时配以醋和少许蒜泥做的蘸碟。蒸好的猪头用筷子一碰即能脱骨，其肉入口肥而不腻，瘦而不柴。

金戈铁马话猪头

刘春梅

到了德阳，如果不去白马关走走，必是一桩憾事。

从德阳城区一路往北，30分钟车程即可到达白马关。这里是自秦入川的最后一道关隘，越秦岭南下至此一马平川，从成都北上至此路途险峻。杜甫经过时曾写诗云：“及兹险阻尽，始喜原野阔。” 直到民国年间修建川陕公路以前，途经白马关的金牛古道都是

出川入川最重要的陆路交通。走在高低不平、有着2000多年历史的青石板路上，耳边仿佛远远传来战马的嘶鸣、将士的呐喊，眼前似有刀光剑影掠过，脚下深深浅浅的车辙，诉说着岁月的沧桑变迁。三国时期，与诸葛亮齐名的凤雏先生带兵进攻雒城时，在白马关不幸中流矢身亡，后人为了纪念他，修建了庞统祠墓。作为忠义与智慧化身的凤雏先生，千百年来一直受到当地老百姓的爱戴和尊崇。

一方水土养一方人，一方人孕育一方美食。对白马关来说，最具特色的地标美食非蒸猪头莫属。如果到了白马关而没有吃蒸猪头，说是枉去了白马关也不为过，正如老话说的那样，过了这村就再也没有这味。

仲春时节的一天，邀约三五好友到白马关远足，古木参天，古道通幽，信步悠游，甚是惬意。一树树繁花压枝，积蓄了一年的能量在瞬间绽放，点亮自己的同时也装扮了春天，热情欢迎着四方游人的到来。群芳掩映之中，一座古色古香的中式餐厅映入眼帘，抬头望去，“金面子”三个金色大字从右到左，遒劲有力。款款步入厅堂落座，菜单递上，“金面子”蒸猪头是首推招牌菜，罗江的朋友建议一定要尝尝。印象中的猪头肉吃起来太油腻，有同行女性朋友面露难色，老板娘见状笑道：“来了白马关，就一定要尝尝我们的蒸猪头，保管你吃了觉得不一样！”

不一会儿，一盘“大块头”端上桌，热气腾腾，浓郁的香味扑鼻而来。仔细一看，足有三四斤的分量，表面金黄如琥珀般光亮，正是那雅号“金面子”的半只蒸猪头。为何不切成片摆盘呢？老板娘介绍，自古以来，白马关的蒸猪头就是这样，妙就妙在保留了猪头的憨萌之态，酥烂脱骨而形不散。友人举起筷子，刚一戳到表层，就感觉到皮质酥软，一触即烂，嫩滑如豆腐。拈起一片送入口中，咸鲜浓香，丝毫没有普通猪头肉的油腻感。若是觉得原味还不够劲道，有川味特色之小米辣加蒜醋的蘸料可配合食用。第一口都还有点小心翼翼，意犹未尽后就彻底抛掉顾虑，用筷子剥下一大块，平时的淑女绅士这时也顾不得形象，浑然忘我，大口喝酒、大块吃肉的江湖快意暴露无遗。这架势，让原本迟疑的女性朋友也有点好奇和心动了，有人在一边打边鼓：尝一口吧，这里面全是胶原蛋白，吃了对皮肤好，自带美颜功能。其实猪头肉有肥有瘦，但这蒸猪头让习惯了挑肥拣瘦的人也不再计较，女性朋友品尝后，也被入口即化的醇厚浓香所征服，啧啧称奇。据老板娘介绍，“金面子”的蒸猪头经过“一泡、一卤、一蒸”的几道程序，到最后上桌时油脂所剩无几，软糯滑爽的口感让远近而来的人吃了无不说好，纷纷表示刷新了过去对猪头肉的认识。

其实，不独罗江白马关人爱吃猪头，在素以精致生活著称的江南扬州，有一道名扬天下的“三头宴”，即扒烧整猪头、清炖蟹粉狮子头、拆烩鲢鱼头，其中以扒烧整猪头制作程序最为繁复，美誉度最高。可见，对会吃、懂吃、能吃的人而言，猪头能登上大雅之堂，并非什么新鲜事。白马关蒸猪头名气虽不及扬州扒烧整猪头大，但它的酥烂软糯、浓香醇厚与之有异曲同工之妙，一蒸一烧之间，既是扬地方之特色，也是合乡里之口味，食客品尝后可自行品评。

历史上，不少文人雅士都表示过对猪头肉的喜爱，苏东坡在《仇池笔记》中，载有煮猪头颂：“净洗锅，浅著水，深压柴头莫教起。黄豕贱如土，富者不肯吃，贫者不解煮，有时自家打一碗，自饱自知君莫管。”书中还记载了一个宋朝武官初到蜀地，就被一味蒸猪头的美味所征服的故事：王中令既平蜀，捕逐余寇，与部队相远；饥甚，入一村寺中，主僧醉甚，箕踞，公怒欲斩之，僧应对不惧，公奇而赦之，问求蔬食，僧曰：“有肉无蔬。”公益奇之，馈以蒸猪头，食之甚美，公喜问：“僧止能饮酒食肉邪？为有他技也？”僧自言能为诗，公令赋《蒸豚诗》，操笔立成，云：“嘴长毛短浅含膘，久向山中食药苗。蒸处已将蕉叶裹，熟时兼用杏浆浇。红鲜雅称金盘荐，（“荐”原作“饤”，今据明钞本校改。）软熟真堪玉箸挑。若把毡根来比并，毡根自合吃藤条。”公大喜，与紫衣师号。

王中令即王全斌，平定后蜀的北宋名将，山西太原人。其所尝“香软真堪玉箸挑”的蒸猪头，是不是白马关代代流传下来的蒸猪头？书中未明确，只说“初到蜀地”，但联想到白马关历来是蜀汉政权的最后一道屏障，不得不使人产生联想了，又有“红鲜雅称金盘荐”之句，蒸而呈红鲜之色，外观或也近似今日之“金面子”蒸猪头了。白马关蒸猪头的历史远远早于《醒园录》，或许早在后蜀时期，就已成为方圆一带的大众美食。“今人不见古时月，今月曾经照古人。”**刀光剑影、金戈铁马早已化为历史的尘烟，唯有蒸猪头绵延千年，香飘不绝，今人们酣畅淋漓品味蒸猪头时，心中也会生出几分英雄豪气吧！**

马槽乡坛子牛肉

tánzi niúròu

北川县有个马槽乡。

因境内有一座山，形状像匹马，头朝东，尾向西，河里有水，岩上有草，能养马，故取名“马槽”。马槽乡属亚热带湿润季风气候，冬暖夏凉，无霜期长，降水丰沛，光照偏弱，尤其适合做腊肉和豆腐干，而北川牦牛肉更为一绝。牦牛肉具有低脂、高热量、高蛋白的特点，令热爱美食的人们垂涎欲滴。“马槽乡坛子牛肉”保持着低调、内敛的本色，隐于市井。

“马槽乡坛子牛肉”原是羌族人的传统菜，传承了多少代已无可考证。它是招待贵客的一道大菜，用料讲究，肉是北川高山牦牛的带筋牛肉，也就是俗话说的窝筋牛肉。“物以稀为贵”，一头牦牛四条腿，四条腿上四个膝盖，四个膝盖下能有多少窝筋牛肉？加上窝筋牛肉有丰富的胶原蛋白和强筋健骨的功能，故显得弥足珍贵。

“马槽乡坛子牛肉”制作方式依旧保存着古朴、原始的风味，仿佛与世隔绝的隐者，不动声色。屋中吊起一口锅，或一只坛子，牦牛肉浸泡于水中，加上食盐、花椒、木姜子等调料，用小火煨煮1～2个小时。若有客至，主人便与客人围火而坐，聊些与牛肉有关的话题，不时恰到好处地加入鲜菌（野生菌最好）与油炸鹌鹑蛋。烟火缭绕中，友情气息就浓郁了，围炉煮茶的雅趣就冒出来了。等待的过程漫长寂寥，而锅中溢出的香气足以诱惑口腔中敏感的味蕾，期待中便多了一分惬意与满足。那香气，飘向四面八方，直令局外人馋涎欲滴。

唐三山就是北川人。2008年地震以后，他带着“马槽乡坛子牛肉”来到德阳，在一个较大的城市打出了“碗筷六香”这张美食名片。十余年，“马槽乡坛子牛肉”成为德阳人喜爱的美食。肉还是高山牦牛肉的窝筋肉，糯而嚼劲足，不同的是店里没有吊锅（坛）。提前煨煮1～2小时的牛肉分份备好，待客人点菜，热锅倒油，油烟飞升，再加牦牛肉入锅、翻炒，发出吱吱的声音。这有些像金庸笔下的飞剑出鞘，一阵刀光剑影，再倒入焯熟的鲜菌与油炸得表脆里嫩的鹌鹑蛋，滴老抽少许，然后咕噜咕噜煮得热情澎湃，勾芡，淋上少许香油提升亮度，起锅！装入粗陶大碗，反扣在卷草纹青花大盘中央，端上桌来。待食客举箸期待，启开粗陶大碗，顿时清香四溢。

牛气冲天

梅 冬

初遇“味道 · 1948”这家小饭店，是一个周末的中午。看店名颇有久违的年代感，忍不住走进去一探究竟。掌厨的是曾经的中江师范食堂的厨师，或许，用这个店名就是聊以慰藉那份远逝的情愫或是记忆。一届届怀旧的师范毕业生会来这里小酌或对饮，杯盘之中，往事萦绕。

“味道 · 1948”的镇店之菜——红烧牛蹄筋，食材地道，用料考究，自然是食客的不二选择。

阆中有道名菜叫张飞牛肉，牛肉被赋予了英雄主义的神秘色彩。用历史上的传奇人物命名菜肴并非独创，杭州的东坡肉便是一例，而张飞牛肉自然多了一分彪悍和豪气。酱汁卤好的牛肉被厨师用庖丁解牛般的精湛刀功切成厚薄均匀的肉片，规整地摆放在瓷盘里，剖面呈现出柔韧劲道的质感，美味成了一件艺术品，极具诱惑力。艺术与美食，英雄与平民，在一道名菜面前诙谐而幽默地交织在一起，愿风载尘，愿雨柔情。若三五知己把盏对酌，有此佐酒，一杯坦然释怀，其乐何极！

对于牛，我一直敬而远之。母亲当姑娘的时候，有一回在牛群里失魂落魄地冲出来，大约是吓破了胆，从此怕牛，也不让我靠近牛。对于牛的亲近，始于一幅牧童骑水牛的水墨画，后来在文章中读到牛救人、牛流泪的情景，与牛的情感距离就近了。

据西汉司马迁所写的《史记》载，公元前284年，齐国名将田单发明的“火牛阵”战术，用千余头牛组成一个群体，牛角上缚上兵刃，尾上缚苇灌油，以火点燃，于夜间猛冲燕军，随其后的五千勇士所向披靡，大败燕军，田单乘胜而连克七十余城。“火牛阵”将牛正式写入史书，成为重大历史事件的主角。

牛，作为供人驱使的动物，更多的是一种牺牲和被利用。牛的这种牺牲精神也被发挥到极致，“俯首甘为孺子牛”，“吃的是草，挤出的是奶”，“勿言牛老行苦迟，我今八十耕犹力”。有人不吃牛肉，说牛拉犁一辈子辛苦。如今人们喂养肉牛，目的就为吃肉，这似乎也颠覆了我们对牛的传统认知。

第二次到“碗筷六香”，纯粹是为了吃“马槽乡坛子牛肉”。其中的牛肉，是生长于北川地区的高山牦牛窝筋肉，比本地牛筋肉更糯，以致外形上有块变团的趋势。当然，熬煮的时间也更久，吃起来更软糯，更适合中老年人的口味。文火慢煨，精华嬗变，其过程如同人生况味。智者——老者！大约也和文火慢熬一个道理。很多事情需要足够的时间才能达成，时候一到，就会水到渠成、瓜熟蒂落。

菌类的自然香味取代了味精，而且比味精更为鲜美。牦牛窝筋肉、鹌鹑蛋、菇菌，在食盐、花椒、木姜子等调味品的激发下，保持了原汁原味的食材本色。在快节奏的当下，煨一坛牦牛窝筋肉，慢慢品来，有种穿越时空之感，恍若走进水泊梁山，似听门外有人大喊：“切二斤牛肉，要上等的好酒。”作为食物链顶端的人类，是不会放过任何一种食材的，而牛肉又焕发出人间的一种豪情与豪迈。牛肉所蕴含的“牛气”，不仅暗示着每一个食客，而且还给我们大快朵颐后以无限的遐想与憧憬。

从旧时光走过，无论是生活在繁华虚无的梦幻世界里，还是淡然于远山僻水的尘世中，那一盘牛肉莫名地为我们的生命注入了一股无形的力量。

马槽乡坛子牛肉

青椒梅菜扣肉

méicài kòuròu

作为美食家，北宋的东坡居士既精于烹饪之道，又擅长创新之法。宦海浮沉居地多迁，但旷达自洽的他每到一处，就会利用当地的特产，或改良或开发出新的菜式，以慰藉跟着他四处辗转的口与胃。

“梅菜扣肉”就是这样一道“就地取材”（惠州梅干菜卧底滋油）“与苏俱来”（瘦身后的薄片东坡肉盖面覆香）相融合的新菜。

作为烹调师，端厨的陈雷先生既通晓美食传承，又熟谙当下偏好。北京、南京、香港，开阔的视野、深入的学习、广泛的交流，让他在秉承优秀传统技艺的同时大胆创新。“青椒梅菜扣肉”便是这样一朵在饮食文化长河里泛出的浪花。

将一道家喻户晓的传统菜在舌尖上翻出新感触来，其难度系数绝不亚于“无中生有”的创新菜，更何况这道“梅菜扣肉”还是从一千多年前的宋代走来，形态和口味已如基因一般代代复制与传递。作为深谙中式烹调的高级技师、新晋名厨，陈雷先生本就喜欢研读美食典籍，道光年间刻印的《三苏全集》、光绪年间李调元《函海》刻本里的《醒园录》等都是他的案头老友。潜读典籍不仅能更深入地窥探美食遗迹，更能在美食家身上感悟人生的意义。“端厨”，“端”者，正也，立容直、德行正，涵养浑厚，孝悌博闻，才能入选天下之“端士”，故“端”是为人之本；“端”者，始也，初心具、逆旅启，始善则功成一半，“端”是大业之始；“端”者，顶也，厚德载物、矢志不渝，泰山不让土壤，河海不释细流。人者，天地之心，五行之端，自会德聚万物、成就深广。而一句“端端正正做人，端端正正做事”，正是“端厨”的企业文化内核；一道在传承中创新的“青椒梅菜扣肉”，也正是这种企业文化下滋养出的精品。“端”字在心，端厨人“端”给大众的都

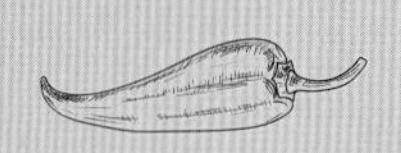

是精选的食材。就梅菜而言，端厨只会选择享有“苎萝西子十里绿，惠州梅菜一枝花”美誉并曾作为进京朝贡的宫廷梅菜。

一道旌阳名菜“青椒梅菜扣肉”中，你会品尝到扣肉的软糯、梅菜的咸香、青椒的鲜嫩，让你的味蕾在层层叠加的触感中绽放出新的火花，而这些火花中也有历史与现代相撞击的智慧之花。

和您常吃的梅菜扣肉或者咸烧白一样吗？“新”在何处？

上等梅菜购求不易，此为一新；蒸菜软糯干爽，无汤汁渗出，此为二新；青椒清爽鲜嫩，解油去腻，此为三新；梅菜兼具软润与脆香之口感，此为四新；清爽与肥甘共存，软糯与酥脆齐飞，层次叠加，口感丰富，此为五新。有“新”源于有“心”，请君慢慢品。

青椒梅菜扣肉的原料及制作方法

主料：五花肉

辅料：梅菜、青椒、大蒜、生抽、老抽、八角、香叶、花椒、老姜、胡椒粉

制作方法：方正五花肉，若肉身太厚需改刀去一层，洗净后放入已加入适量盐、八角、香叶、老姜的汤料里煮熟；熟五花肉捞出后趁热抹老抽上色；锅中倒油，待油温升至八成，放肉炸至虎皮状（或肉皮向下在锅上煎至虎皮状），晾凉后切成厚约8毫米的片状，拌入生抽、老抽、白胡椒、少许白糖备用。将上等去梗的梅菜干用清水淘洗浸泡半小时左右，挤干水分后下锅与少许油、姜片炒香；拌匀的五花肉整齐地码放在陶碗底部，将炒好的梅干菜覆盖在肉的上面，入笼蒸40分钟左右。青椒切块炒断生，加入少许生抽出锅入盘；取出少许蒸好的梅菜入锅翻炒，加入青椒粒，炒至脆香。将蒸好的梅菜扣肉倒扣在青椒上，最后再将干爽香脆的梅菜青椒混合粒撒在扣肉上即可。

宋时梅见　今时又见

吴小娟

白鹤峰下，东江边上，初升的新阳正一寸一寸地挪过东窗。窗下，一位头戴方巾身穿宽衫的先生正手把黄卷吟诗诵文。阳光爬过屋檐，爬上屋侧的荔枝树，觅食的鸟儿站在枝头歌唱，这一唱，把先生的肚皮唱空了。

朝云，午膳梅菜扣肉共啖否?

好的，先生，青椒梅菜扣肉一份!

梅菜，尤其是江浙一带的上等梅菜，水乡滋养着，阳光炽晒着，细小精巧，不寒不燥，温润柔婉犹如一位娴静如水的女子端坐在身旁。晾晒好的梅菜，只需密封防潮，便可长久贮存，以待不时之需。从京都到黄州，从黄州到惠州，再到下一个不知名的地方，相伴不弃的身边人不就似这温润不燥、历久弥香的梅菜吗？哦，朝云！

“黄州好猪肉，价贱如泥土。”“物贱”最大的好处，便是“利万民”。亲民才能得人心，利民才能服大众。取一块方正的五花肉，剔除赘余，洗净后没入配有食盐、八角、香叶、老姜的汤汁里慢煮。“待他自熟莫催他，火候足时他自美”，世间所有美味，都需要被时间包裹，慢慢浸润，耐心等候，才能达到历练后的饱和。煮好的五花肉紧致润弹，此时趁热抹上老抽，可增酱香之味，也可使肉皮赤绛鲜亮。油温八成，表皮热炸至虎皮状，改刀切片——太薄寡淡，太厚肥腻，8毫米为佳；再拌入生抽、老抽、白胡椒、白砂糖，充分按摩后整齐地码在陶碗底部，待各种滋味在时间里相识、融合。食有五味，人生也有五味，五味全，人生满。食物的偏嗜伤及五脏，人生的偏执也会滋生烦恼，“谨和五味，骨正筋柔，气血以流，腠理以密”，风雨萧瑟处，“何妨吟啸且徐行”，“也无风雨也无晴”！

如同知音约见前的精心打扮，梅菜先得在清水里沐浴二刻，像沉睡的灵魂被唤醒，像久涸的枯枝逢甘霖，梅菜干卷曲的身躯慢慢舒展。当下流行的“松弛”感莫不就是这状态？被清水柔柔地环抱，恍惚中似又回到了梦里水乡，青春的记忆随着水波一浮一漾地在心中回荡，流年里的浮尘也随之飘散。年轻的苏轼也有过轻狂，《凌虚台记》中以春秋之笔将太守陈希亮揶揄了一番，但28年后，已过知天命的苏轼又满含深情地写下《陈公弼传》。一个人的质地，要在历经岁月沧桑后才能体现；一个人生命的张力，也是在千淘万漉后才越发强韧。浸泡，将年少的青涩洗去，将中年的稳重沉淀。梅菜滤干水分后，下锅与少许油和黄姜片炒香，“略施脂粉”后的梅菜增了几分温润与妩媚，她

们即将赴一场与扣肉的约定。

“万物负阴而抱阳，冲气以为和”，人生如此，五味亦如此。猪肉肥甘而油腻，梅菜清香而萎蔫，青椒鲜脆而辛辣，而一个“和”字，便能五色交辉、相得益彰。40分钟的高温，使肉片浑身软糯，梅菜的清香已融入猪肉里，而溢出的油脂却正好充盈枯槁的梅菜，梅菜的青春与活力被再次唤醒，如同回到春雨充沛的水乡沃野，酣畅淋漓地吮吸着，直到身宽体圆。切成条形的青椒在猛火炒断生后入盘，随即一盘刚出蒸屉就香气四溢的梅菜扣肉“啪”的一下覆扣在青椒条上。青椒的清香、梅菜的酱香、猪肉的醇厚，在这麻利的“一扣”中完美地融合在一起。这时，再取少部分蒸好的梅菜与碧绿的青椒粒一同炒至脆香，像雪花一样撒在在梅菜扣肉的面上。

融合是不偏不倚，是不同而和，是扬长避短，是尊重与包容。在一生中能将儒释道三家精神共融的东坡先生必然了悟，所以他任性逍遥、随缘旷达。

先生，请慢用！

在薄薄一层褐黄与青绿的微粒覆盖下，若隐若现地透出绛红莹亮的扣肉，竹箸轻轻挑起一片，肉表润泽清爽，绝无油滴赘余。平铺于盘面，此时扣肉已沾满撒在盘面的香脆颗粒，再从盘底抽出一两根清香的青椒放在扣肉上，添上少许同蒸的梅菜，点缀些微青椒颗粒和脆香梅菜，最后一同席卷而啖，一层软糯，一层清爽，一层醇鲜，一层脆香，唇齿在滋味叠加中应接不暇，口感在交错融合中臻于完美。

这是，梅菜扣肉？东坡先生大快朵颐，同时也大吃一惊！

青椒梅菜扣肉，端厨陈雷改创。

改创得好！上酒！

一盘梅菜扣肉，一壶老酒精酿，三五知己好友，杯箸往来之间，便是回到了宋朝。在赤壁边，在青峰下，与东坡遥唱“江山如画，一时多少豪杰”，与知己同慨“竹杖芒鞋轻胜马，谁怕！”

这便是，遇见美食，遇见神话。

砂锅焗排骨

jú páigǔ

关于砂锅焗排骨，民间有些传奇故事。顺便讲一则：

相传，有位皇帝得了软骨症，走路时一颠一跛，十分吃力，可这个皇帝还想长寿，并让众御医四处为自己寻找长寿之药。一位宫廷御医告诉皇帝，他发现了一种能够长寿的东西，随之，让皇帝天天吃砂锅焗排骨，并配以大骨头熬汤给皇帝喝。经过食用一年半载后，皇帝惊奇地发现，自己走起路来突然健步如飞，这不是延年益寿之品吗？其实，他骨子里缺钙，排骨里所含之钙相当丰富，皇帝天天吃，吸收了很多钙质，软骨症自然就慢慢治愈了。

传说归传说，虽然此种吃法并不能保证得软骨症的人一下子变得硬朗，但砂锅焖出来的排骨，确实富含营养，使人身体强壮。最重要的是，用砂锅焖出的排骨，从古至今都是一道香味十足的美食。

在四川，排骨有很多种做法，诸如麻辣排骨丁、香醋排骨、土豆烧排骨、鱼香排骨、粉蒸排骨等等。砂锅排骨因其浪费时间，工序也稍显烦琐，所以多数家庭想吃此菜就去餐馆，这样省事。

川菜名师、资深厨师钟辉看准了这个问题，于是结合各种排骨的做法，开发推出这道独特的新派川菜。

菜品创建人：德阳旌湖宾馆钟辉，男，51岁，大学文化。曾获首届中国川菜大赛“热菜金奖”、“四川省青年旅游工作标兵”称号、四川省饭店协会“川菜名师”称号、四川农民工大赛一等奖、四川省中国技能大赛德阳赛区一等奖、省级“公共营养师”称号、省级

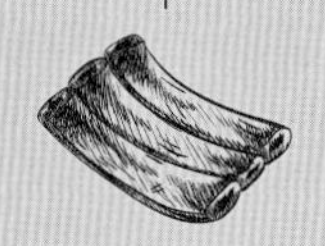

“中式烹调师”（一级）称号、德阳市首届“旌阳工匠”称号等荣誉。2015年，钟辉率队参加四川省特色菜技能大赛荣获“团体一等奖”。现已获得国家高级技师（一级）认证。

2018年，旌湖宾馆“钟辉技能大师工作室”成立，钟辉按项目分工，名师领衔，通过研究与培训相结合等有效方式，使整个团队的水平得到很大提升。

砂锅焗排骨的原料及制作方法

主料：排骨

辅料：洋葱头、老姜、大蒜、自制烧椒酱

调料：食盐、鸡精、花雕酒、花生油、香油、胡椒粉、生粉

制作方法：将排骨宰成每节3厘米长，用清水将排骨浸泡半小时后冲洗捞出，沥干水分备用；将排骨装入小盆里加入食盐、胡椒粉、鸡精、花雕酒进行腌制，随后加入生粉、香油拌匀；放入蒸箱内，蒸制半小时后取出；砂锅里放入洋葱头、老姜、大蒜铺底，淋上花生油，注重排列美观，然后在排骨上面加入自制的烧椒酱；砂锅加盖，放入卡式炉上，控制好火候，烧至8分钟后即可食用。

佳处闻香赞奇绝

冯再光

砂锅是一种传统的烹饪工具。据考古学家研究，早在商代时期中国就有了使用砂锅的记录。砂锅的制作材料主要是黏土和沙子，经过高温烧制而成，具有通气、吸附性强、散热慢等特点。人们用砂锅焗排骨，能均衡持久地把火之热能传递给锅中原料，相对平衡的温度，有利于水分子与食物的相互渗透，这种相互渗透的时间维持得越长，溢出的鲜香成分就越多，煨出的滋味就更为鲜酽，排骨因而爽口酥烂。

砂锅焗排骨焖煮时必定要把砂锅盖严，这样葱头、老姜、大蒜味道都非常鲜美。如果各吃几粒，可起到开胃杀菌的作用，对肠胃十分好。但名曰砂锅焗排骨，客人主要还是以吃排骨为主。砂锅的保温效果非常好，端上桌，里面的菜仍在沸腾，恰如锅底升火，不易变冷。**所以，亲朋好友相聚，一阵觥筹交错，酒至半酣之后，那砂锅里仍轻烟袅袅，其香味盘旋于餐桌四周，让人闻香生津。**

砂锅煮东西干净，其味精到，男女老少都喜欢。对这道菜，旌湖宾馆还可按客人提出的特殊要求定制。也就是说，味重味淡、排骨硬软、砂锅配菜都可根据客人需要而做适当调整，让宾客吃得满意。这样的服务，显得更为贴心，金叶级绿色旅游饭店的档次，也就不言而喻。

苏东坡一生发明了很多菜品，很多川菜还以他的名字贯之。至今，有一道简单的家常菜叫东坡排骨，暂且不去研究这菜是否出自东坡之手，但是这位流芳千古的大诗人喜欢吃排骨是不争的事实。

“净洗铛，少著水，柴头罨烟焰不起。待他自熟莫催他，火候足时他自美。”这是东坡居士贬谪黄州时所作的《猪肉颂》。当年，难以吃饱肚子的苏东坡，发现“黄州好猪肉，价贱如泥土。”机会难得，苏东坡心里暗自高兴。他一打听，这里的老百姓，无论贫富都不怎么喜欢吃猪肉，原因是不懂得如何烹制。这下东坡欢喜了，作为蜀人、美食家，贬谪到此地，真是坏事变好事啊。他配上调料，变着花样解馋，于是有了“早晨起来打两

碗，饱得自家君莫管”的美事。东坡把黄州廉价的猪肉写得令人垂涎三尺，将他研究的吃法也传开了，黄州的猪肉是否因此涨价，暂且不去理会。笔者和几个吃货朋友关心的是，东坡有无专写吃排骨的诗词？结果，几人翻书查阅，皆一无所获。于是大家都在想，若东坡先生活到如今，吃上这道砂锅焗排骨后，将会写出什么的诗句呢？

苏东坡不写排骨也罢，让后人去吃去体验，然后作出诗来，岂不美哉？我对文朋诗友这么一说，本是搞笑，可有一位诗朋当真了，于是邀笔者去旌湖宾馆吃饭，并专门为我点上了这道砂锅焗排骨。

恰好，遇上这道菜的创建人钟辉师傅前来征求顾客意见，我们翘起大拇指点赞他的手艺，他一边笑一边对此菜品做了详细介绍。他说，德阳是移民城市，也是旅游城市，东南西北的人会聚于此，菜味也得适中。沪菜口味偏淡，川菜口味偏重，新派川菜，便应运而生。将天下之味珠联璧合且不失川味特色，就成了川菜大厨必须思考的问题。**砂锅焗排骨没有加水，直接用料汁来焗，保留了排骨本身的鲜香，不上火，放心吃。**

我们一行人为的就是品尝此菜，所以其他菜品皆被忽略。砂锅被摆上桌，服务员掀开锅盖，只见砂锅里顿时腾起白雾，馋人的香味弥漫在厅内。钟师傅自制的烧椒酱色如翡翠，用筷子翻开青绿之顶，下面排骨排列整齐，造型美观。此时的排骨，呈现出藕色，相当入眼。朋友们拿起筷子，迫不及待地夹一块放在碗里，才一口，即刻评说：满口生香！妥帖、舒服，那味道，其他锅具是达不到这般效果的！清香伴着肉香在嘴中回味，笑意在每个人的脸上荡漾……

我是初次吃这道菜，动作很不熟练，小心咬下一口，结果整块肉竟然脱骨滑入口中。顿时，肉多口小，腮边鼓起，自己明白，此时的吃相有些失雅。这又何妨？在面对美食之时，在诗朋文友面前，粗狂，也是一种性格的释放！陶醉于人间美味，有一种漫步于仙境，已成神仙的感觉。此时，万事放下，神清气爽，在佳处体验美食，这便是美好生活。

还想吃一块，无奈早已光盘，让人欲罢不能之时，好事的诗友居然还对排骨念念不忘，叫我作首诗来。吃了人家的口软，不得不挠头乱吟：“美味迷人食客知，寻香重在品尝时。云端痛饮三杯酒，难写锅中排骨诗。”

神仙观音翡翠豆腐

fěicuì dòufu

历史上很长一段时间，中国人用来替代肉类，作为摄入蛋白质的主要食物来源是豆制品。豆腐，原名叫“菽乳”，也就是大豆乳汁的意思。

豆腐诞生于西汉时期，相传是当时的淮南王刘安创制。豆腐问世后很快便引起了人们的极大兴趣，不但美食家认真研究，中医界也纷纷评述。《本草求真》认为，它能祛火除热，调和脾胃；《食物本草》中说“凡人初到地方，水土不服，先食豆腐，则渐渐调妥。”因此徽州的八公山豆腐曾一度卖到一两银子一小碗！

而清代褚人获在其名著《坚瓠集》中竟归纳豆腐有十德：“水者，柔德。干者，刚德。无处无之，广德。水土不服，食之则愈，和德。一钱可买，俭德。徽州一两一碗，贵德。食乳有补，厚德。可去垢，清德。投之污则不成，圣德。建宁糟者，隐德。”确实，关于豆腐的诗很多，今天要讲的是豆腐还能救命的传说。

豆腐不只是救命，关键是这个叫神仙观音豆腐的东西是树叶做的！中国人永远不会停止尝试新奇的味道，每一种食材，时间不同、地域不同、需求不同，都会升级出不同版本。毛豆腐、臭豆腐、奶豆腐甚至卤豆干等各式各样的豆腐及它的化身，万变不离其宗的是“豆制品”。只是没有了豆子的豆腐是个什么鬼？在这里不得不佩服我们真正能化腐朽为神奇的祖先，为了求生，搞出保命魔法，生生让山上的灌木矮树变成了货真价实的既可肥嘴又能养生的神仙豆腐。

神仙豆腐从何而来？传说几百年前，人间大饥荒，饿殍遍地，哀号声惊动了天上的观音，派来神仙下到人间一瞧，水干草枯一派荒芜，人们饿得个个皮包骨头，有母亲搂着奄奄一息的孩子连一滴眼泪都哭不出来了。天庭得知这人间惨不忍睹的景象后，速速派员拯救。当晚人们在梦中梦到有神仙告诉他们，山上有一种树，叶子翠绿翠绿的，浑身都是宝，尤其是树叶含果胶，捣成的汁可以做成治病又美味的豆腐……传说而已，谁是第一个尝的人，已无从考证。

一种高颜值的另类豆腐

方　兰

第一个电话打去时是3月份，老板说，现在不得行，树叶子还没长出来，要到4月下旬叶子长出来后现摘现做。那时心里就生出了好奇，这个翡翠豆腐还这么多讲究呢。前些日子，天空晴朗，万里无云，这个天气山上山下溜达都不成问题。我们终于成行，车轮子呼呼着跑了一个多小时到了什邡洛水镇。这里属蓥华山一脉，山路虽曲折，到也难不倒老司机。进到山里，在李冰村一个护林防火点登记后，继续在窄而峭的密林山道上蜿蜒向前。忽然，导航提示道：您已到达目的地。这荒山野岭的，除了涌入耳膜的清脆悦耳的各种鸟啼虫鸣声，连间房子都没有，哪有什么家庭农场？但我却明明听见了农场老板招呼的声音。我嘀咕着推开车门，四下一望，一座悬空的土木结构的“山楼”赫然出现在左前方，酷似老天在林木葱郁的山坡上缝缀的一个兜。几步之遥便是老板建在山腰上的“家庭农场”，打眼一望，施老板站在门口像是站在山的一角，被山林笼罩着，周围都是草木。

我们想看一下他的农场基地，结果发现没有可圈点的所谓“基地”，周围几百亩山林都是他的开放式基地，基地里被阳光雨露养着神仙观音树，养着各种花果草木，还有野生的或飞或走的各种活物。

女主人罗姐已是有了孙儿的奶奶，但身材小巧玲珑，声音清脆，举止温婉。她穿着黑色的千层底布鞋，挎着一只竹篮，领着我们步履轻盈地走在山道前面，从背影看宛如少妇。她在海拔近千米的密林山道上边说边走，我都气喘吁吁了，她却如履平地，单薄的身板里藏着令人叹服的能量。老板一家是当地土著，“5 · 12”大地震后村民们都迁到了山下居住。过了两年他们重返家园在山顶上做起了柴火鸡生意，曾经试过人工种植豆腐树，却没成功。**豆腐树还是山上野生的好，从春天到秋天，像韭菜一样摘了又长，生生不息，蓬蓬勃勃，真正的天选之树。**

有料的东西一般都藏得深，豆腐树也是，一般生长在山顶、崖边或涧道荒埂旁。它是一种绿色的直立灌木，幼枝有细细的绒毛，单立对生的叶片普通得与林中其他的树一般无二。来到山顶一株豆腐树下，一大群公鸡威风凛凛围着我们转，脸红脖子粗的嘶鸣犹如城市的十字路口此起彼伏的喇叭声。时已近6月，豆腐树枝叶

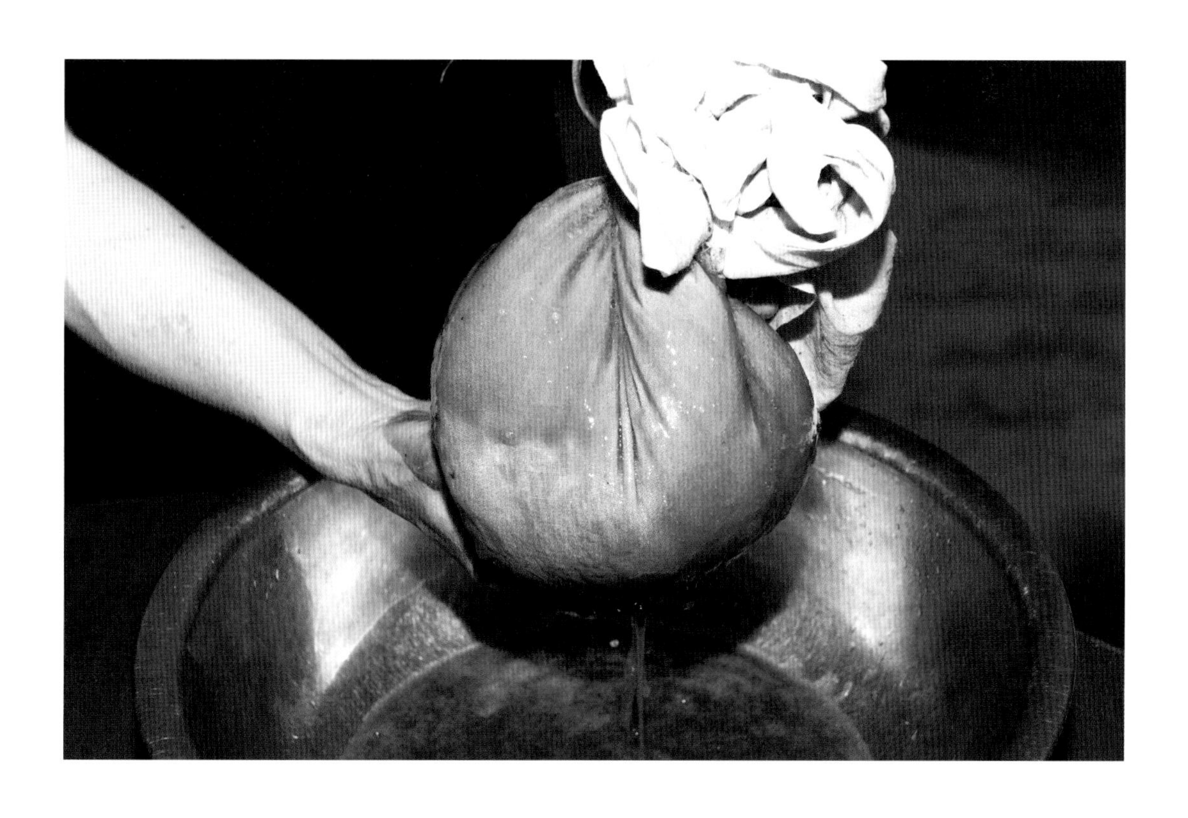

间已有嫩绿的果粒溢出。罗姐一边摘着树叶一边说，这株豆腐树不错，叶子茂密，你闻闻，它跟一般的树不一样，有很浓的味道。豆腐树全身都是宝，枝干可以剪作盆景，根茎可以做药，叶子可以做面做豆腐，叶尖嫩芽还可以做红茶，果子成熟后就像桑葚一样紫亮紫亮的……

我嗅着手里揉搓的树叶，眼睛警惕着脚边虎视眈眈的公鸡，好像这棵豆腐树是它们家栽的，野性十足的阵仗就像《动物庄园》里那些要起义的牲畜。这是一种扎根泥土的味道，很醇厚很熟悉的味道，但是却想不起它像什么，因为它太熟悉了，熟悉到可以瞬间穿越回有滋有味的童年；熟悉到味至舌尖，话到唇边，却愣是躲在记忆中跟你藏猫猫；熟悉到让人怀疑这棵树的味道与山顶的公鸡一样，生出了脾性。

有人说它臭，有人说它苦，有人说它像药材的味道，其实它就是树木自身的本味。施老板说，里面的果胶出来了那味道会更醇。我们一边听一边目不转睛看女主人怎样化树叶为豆腐。做法其实不难，把树叶像蔬菜一样淘洗后搁进不锈钢面盆，倒点开水将叶子泡软，然后就用这个竹片扎的刷把捣叶子，如果不嫌累的话，可以直接像搓衣服一样用力搓。罗姐嚓嚓嚓地边捣边说，树叶里富含果胶，一直捣就是要把树汁全部挤压出来。不一会儿，蓬松青翠的片片枝叶变成了半盆深绿色的树浆，看得我们眼睛也跟它一样绿了。

罗姐取来一团纱布，说我们需要用纱布把树渣和树汁分离，她像手工洗被子一样使劲拧绞着纱布，墨绿色的汁即从纱布眼里汩汩而下。施老板拿来一袋草木灰，化水后用滤盆过滤掉浮尘杂质，再将干净的草木灰浆水徐徐注入面盆的树汁里，一边迅速搅动和匀，一边说你们都晓得豆腐要点卤才能成豆腐，这个也是同理，只不过它用的是草木灰。因为豆腐树是在酸性土壤中长出的，而草木灰呈碱性，只有酸碱结合才能凝成豆腐。好了，现在只需让它静置两小时即成。

施老板侃侃而谈，讲着他对翡翠豆腐的发现之旅：我年轻的时候曾到浙江义乌那边做生意，当地人喜欢吃一种用树叶做成的，叫“臭黄荆”也叫“豆腐柴”“土黄芪”的豆腐，这种树叶豆腐味道鲜美且几乎没有成本。回来的时候我带了一些树苗想在山上插活，哈哈！没想到啊，我们本地就有，这山上就有！她们家（指女主人娘家）祖上灾荒年时就扒来吃过，因为做出来颜色像翡翠，所以老人们就叫它“翡翠豆腐”。

当一盆绿油油的树叶好像被时间施了魔法一样，在我们的眼皮子底下生生变成了一墩光滑青翠的豆腐时，简直让我的眼睛发直。这才是真正从内而外的绿色无公害食品啊！大自然用它的神奇与博大告诉我们，只有我们想不到的，没有它做不到的。光洁清透的翡翠豆腐如一湾碧蓝的湖水，轻轻一晃，涟漪微动，镜子般映出了我的笑容和馋涎欲滴的神情。

罗姐把划成麻将块的翡翠豆腐盛装了三盘，其中一盘撒上白糖（红糖水也可），一盘浸在泡姜、泡辣椒的水里，还有一盘是原味，可任由食客随意发挥，蘸不蘸，蘸什么，就看各人的喜好了。看着这盘被撒上红色小米椒的豆腐，中间还插上女主人摘的一朵可食用的野花，碎金般的阳光照在上面，晶莹饱满的模样恍若胶原蛋白满满的婴儿的脸，让人好想咬一口。又仿佛妙龄少女的肌肤，蓝色的筋脉隐约可见。我迫不及待地伸箸夹上一块，奇怪了，它从容地停留在筷尖，不散不倒不僵硬，让人想到舞蹈中那柔韧性极美的下腰。

“快尝尝，”施老板热情招呼道，“看看喜欢哪个味道。”筷子一动，豆腐送入口中，微辣的质感与浓郁的草木香结合，顿时，一种高温下钻进空调房的爽感溢于口腔。舌头开心地打转，牙齿却发蒙了，因为这豆腐紧致又滑嫩，滑嫩得让牙齿无用武之地，直接在舌头的缠绵中顺着嗓子而下，养胃护肝去了。

有数据表明，豆腐护肝，可抗衰老。施老板自豪地说，不信你现在去查一个肝的数据保存下来，然后连吃它十天半月，再去查一个数据来对比，你会发现惊喜。我想不用那么久，惊喜就在当下，在状若无物的口腔里，加糖的和浸辣的入口后，会变成甜蜜的笑容和陶醉的惬意外化于你脸上。不同的口感中有一个相同的味道，就像小孩子恋别人家的饭，就像男人喜欢年轻的姑娘，那就是新和鲜之感。此刻这种新鲜感在我的口腔里熟悉而陌生，熟悉的味道呼之欲出，久违了的陌生又使它像海市蜃楼那样，让人看得到摸不着。

直到光盘了，我才慢慢明白，它就是不染一尘的树木全身的浓郁，大山赐予我们的爱。老板说它没有“上市”，但美味却不胫而走，真正的美食总是有这样的绝世神功。我想来农场的客人爱点这道翡翠豆腐，不单吃的是儿时若隐若现的记忆，更是在追逐一个绿色的梦。

生烧啤酒尖椒年份甲鱼

jiānjiāo niánfèn jiǎyú

中国人食用甲鱼的历史可谓源远流长，3000多年前的西周，就设有专职的“鳖人”为帝王从自然水域中捕捉甲鱼食用。周宣王时代，又以鳖为上肴，犒赏部属。汉代末期的《礼记》中，有“食鳖去丑”的说法，意思是吃鳖要除去“窍”的部位（耳鼻目口等器官之孔）。有人把此四字理解为吃了甲鱼就会长得漂亮，这当然也对，因为，食鳖真的可以美颜。我国幅员辽阔，东西南北中，吃甲鱼方法多种多样，但无论何地，筵席上的甲鱼，历来都称为餐中“八珍”之一。自古以来，鳖就被人们视为滋补保健品。

东汉《神农本草经》云：鳖可补痨伤，壮阳气，大补阴之不足……

南朝时期，著名的医药家陶弘景在《名医别录》中云：鳖性味甘、平，有滋阴补肾、清退虚热之功效。

明代李时珍《本草纲目》对甲鱼每个部位都有研究，诸如：鳖肉可治久痢、虚劳、脚气等病；鳖甲主治骨蒸劳热、阴虚风动、肝脾肿大、肝硬化等病症……

历朝历代，甲鱼大受食客欢迎，其原因有多种，营养价值极高是主因。德阳旌湖宾馆唐朝师傅所创“生烧啤酒尖椒年份甲鱼”，其初衷是让这道菜更适合东西南北大众口味。他对古今甲鱼的做法融会贯通，自推出后，受到顾客广泛好评。

先将杀好的甲鱼汆水去掉甲鱼油、表皮膜，用清水清洗干净备用；炒锅置旺火之上，即下入菜油、化鸡油、化猪油；调至中油温后，下入甲鱼进行煸炒；改为中火，下入姜、葱、独大蒜、干青花椒、鲜青小米椒、继续煸炒干水分；煸炒好甲鱼，依次下入东古酱油、土豆块、啤酒；上高压锅压5分钟；再将压好的甲鱼放入炒

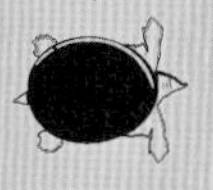

锅上，大火收汁；最后分别下入尖青椒、鸡粉、味精、藤椒油、香油、汁水收浓，起锅装盘即成。

德阳旌湖宾馆唐朝师傅，男，49岁，大专学历，曾获四川省“烹饪名师”称号；首届川菜大赛“冷菜银奖”“面点银奖”“热菜铜奖”“全能铜奖”，中国川菜精品菜“最佳造型”奖；省级“公共营养师”“旌城名厨”等称号；现已获得国家高级技师（一级）认证。

原料：湖北黄甲鱼一只（1500克）；黑猪五花肉（100克）；独大蒜（100克）；青小米椒（50克）；雪花啤酒一瓶；德阳崴螺山尖青椒（600克）；鲜土豆（500克）；鸡粉（5克）；食盐（5克）；东古酱油（30毫升）；青椒酱（5克）；味精（5克）；化猪油、菜油、化鸡油、姜、葱、料酒、藤椒油、香油各适量。

此处甲鱼漫奇香

冯再光

德阳旌湖宾馆有一道菜品极受顾客喜欢，这就是“生烧啤酒尖椒年份甲鱼”。据说大凡来此就餐的人都要点这道菜，经常搞得后厨忙不过来。做这道菜很费时间，聪明的客人都是提前预订，以保证亲朋好友及时品尝。若顾客进店后临时点到此菜，往往要等二十来分钟才能吃到这道味道鲜美、价格不菲的好菜。不过，待年份甲鱼端上桌，酒席的热闹气氛就随即推向高潮。

生烧、啤酒、尖椒、年份，菜名似乎很好理解，但何谓年份？有部分顾客就不是很了解了，这就不得不询问服务员。当得知所食甲鱼是生长期三年以上、体重三斤以上时，食客便知年份是何意，并对这道好菜的价位没有了质疑。当然，甲鱼有了“年份”还不算是一道好菜。此菜从开发到成型，其工艺经历了多次尝试，并多次听取了省市美食家的建议与意见，最终才达到了“炉火纯青”地步。宾客称，吃“生烧啤酒尖椒年份甲鱼”是大补养生，见其形就垂涎，但是有经验的食客会提醒大家，吃此菜宜浅酌慢品，如此这般，口福自来。

这道新派川菜的创建人唐师傅解释道：甲鱼味道鲜美，营养价值较高，富含动物胶、角蛋白、铜、维生素D等营养素，具有降压降脂、养颜护肤、补虚壮阳等功效，这就称为大补养生。因甲鱼之形不能破坏，所以在厨师切割甲鱼时，必须保持其形，不宜切成碎块，块状应稍微偏大，这样便满足了人们品尝时痛快淋漓的欲望而可大快朵颐。甲鱼富含动物胶，煮熟后，肉质的黏胶感特别强，可以养颜。享受这道美食时，讲究雅致，速度不可太快，方有品味美食、体味生活的情趣，此谓浅酌细品。

这道菜是高端菜品，选择盛器时，宜用江西景德镇的瓷钵。不仅如此，还要从瓷钵的色彩、形状、图案等美学价值上考虑，精心挑选。这不，当黄金色的瓷钵端上餐桌，第一印象就像欣赏一种艺术品。

一旦揭开钵盖，一股热气顿然腾起，奇妙的香味扑鼻而来，钵里的甲鱼肉与配料造型别致，其色柔和，勾引着人的食欲。这道菜是用啤酒逼出甲鱼肉的鲜味，啤酒中清香的麦芽味可以除去肉臊味，使得甲鱼不至于太过肥腻，再加上各种辅料一起焖熟，有着很漂亮的色泽。轻轻地、缓缓地咀嚼韧而滑嫩的甲鱼肉，即有一种难以言表的美妙感觉。

美食，重要的还是讲究味道。甲鱼的裙边特别惹人馋嘴，五代时的高僧谦光，是一位古代食甲鱼的美食家，他曾说“但愿鹅生四掌，鳖留两裙。”此高僧吃甲鱼已成嗜好，甚至有些贪婪。不过，如果真的一只鹅生出四掌，一只鳖生出两条裙边，那谁还敢吃呢？当然这是比喻，也是说的心里话。鳖裙，真的太好吃，一只甲鱼，就那一丁点儿。

宋代陆游在《饭罢戏作》诗中云：“蒸鸡最知名，美不数鱼鳖。”陆游不仅写下了多首赞叹美食的诗词，还亲自下厨烹饪，是一位精通烹饪的美食家。他在蜀中八年，留下了很多诗词，也留下了与美食有关的故事。一生坎坷的陆游到了晚年，其生活窘迫，基本上以素食为主，尽管如此，谁也不能阻挡住他对美食的热爱与追求。知名的蒸鸡，他吃不上；美味的鱼鳖，他肯定只能闭上眼睛去想。真叹息陆游没活到现在，未品尝到“生烧啤酒尖椒年份甲鱼。”

对甲鱼的食补功效，人类一直没有停止研究。现代科学的各种检测和研究表明，甲鱼不但含有各种人体所需的营养成分，丰富的抗衰老及提高免疫功能的保健因子，还有较好的抗癌作用。这个科学定论，让食甲鱼者越来越多，也使甲鱼的吃法愈趋多样。

川菜品类繁多，烹饪手法也与时俱进、求新求变，它和社会生活一样，随着人们的饮食习惯变化而变化。“生烧啤酒尖椒年份甲鱼”的出现，不仅多了一种川菜的新式吃法，又显示出宴席的档次。随着百姓生活水平的提高，让食物在讲究味道鲜美的同时，更注重营养科学。

难忘坐在旌湖宾馆云端厅吃这道甲鱼的时刻，在舒适的桌边落座，透过窗户，可俯瞰美丽的旌湖，此处景致佐餐，真有一种人在云端之感。热情的服务员微笑着走近顾客身边，把每个小白碗拿起，用一双公筷，轻轻地、优雅地为客人拈一小块甲鱼，再配上少许附属菜品，然后柔声细语说道：“慢点儿！有点烫！”

其实，作为食客，对这道名菜已向往久矣，每个人的眼睛早已瞄准钵里的甲鱼，如此美食，不趁热吃更待何时？口中，甲鱼奇香；嘴边，黏酽尚在。用纸巾擦嘴之间，眼睛仍盯着漂亮的瓷钵，片刻，钵里面只剩下几块微黄土豆、几粒洁白独蒜、几颗青绿葱花……

素燕狮子头

shīzi tóu

初听菜名，素燕的“燕”字迷惑了我，以为是闽南的燕皮，这是一种用瘦肉和面粉经千百次捶打混合制成的面皮，筋道Q弹。为了通俗易懂，全国各地沙县小吃中的肉燕已经依从所在地的叫法，改名为馄饨。

在东电宾馆的餐厅里，才知道此“燕”不是肉燕的“燕”，而是燕窝的“燕”。萝卜粗丝在高汤中先炖之后失了原型，呈半透明黏稠状，盛于盏中有几分像燕窝，之所以叫“素燕”，是由于原材料为白萝卜，植物系，纯素。

狮子头则是淮扬菜系中的一道传统菜肴。狮子头最早的发明者据说是隋炀帝的御用厨师，又说是因为这种大肉丸采用肥瘦参半的五花肉制成之后，表面凹凸不平，状若狮头，故以此为名。

传统的狮子头采用手工切肉，众多调味料搭配，口感软糯滑腻。红烧是主打菜式，肥而不腻。各地制作的狮子头味道依地域差异而有所不同。北方的四喜丸子，做法和狮子头基本一样，总之，大大的肉丸，或红烧，或清蒸，端上桌来都有个霸气的名字——狮子头。

我吃过的狮子头，是家宴上的经典菜品，逢年过节隆重地占据着餐桌上的C位，因为体形巨大，肉巨多，特别受欢迎。狮子头的做法是从外婆那一代传到母亲手中的：肉丸先下锅油炸，然后红烧，配料中还有家家都有的盐腌白菜，切碎了混合在肉丸里，除了增加口感，还可以稍微解一点油腻。只是，在过去的寡淡日子里，油腻并不那么面目可憎，需要解油腻的时候不多，因为能吃到狮子头的时候也不多。

我和我的家人，近四十年来和狮子头的关系，像是从甜蜜恋人到怨偶，从欢天喜地到慢慢弃之不理，那碗

凝结了家族长辈亲切记忆的狮子头，最后的结局是淡出了家宴的菜谱。年近九旬的母亲有时还会念叨她家传的狮子头，我偶尔也会摸索着她的方法做一次，但又总是让她的满怀期待变为几分失落。母亲挑剔地说，没有原来的好吃，怎么这么油腻？还是你外婆做的狮子头，那味道，啧啧啧……

要说掌握人们味觉变化的密码，肯定厨师是最敏锐的，比如东电宾馆的出品总监代修川。

素燕狮子头就是他的作品，这个菜品的研发时间，就在2023年3月，河里鱼虾肥美的时节。

素燕狮子头的原料及制作方法

主料：鳜鱼、河虾、高汤

辅料：白萝卜、荸荠、鱼子酱、金花藏茶

调料：精盐、老姜、香葱

味型：咸鲜茶香味

制作方法：鳜鱼先放血，去骨取净肉，河虾去壳去沙线去尾，待用。萝卜二斤，一半切二粗丝、一半切米粒，荸荠切米粒，待用。鳜鱼肉、虾肉切丁加入盐、姜、葱、料酒，用手摔打呈胶泥状，加入荸荠和萝卜粒。将打好的鱼虾胶泥做成狮头生坯，放入清汤中蒸一个半小时。锅上火，水烧开，把白萝卜丝做成素燕待用。把蒸好的狮子头放入器皿中，加入素燕，浇上高汤和金花藏茶汤即成。

菜品特点：清香鲜嫩，略回甘。

文字浅显易懂，可是，不要说厨房小白，哪怕就是资深厨师，也未必能据此还原出素燕狮子头的原创滋味。因为，厨师的绝活（尤其是关键细节），是唯我独有的手法和年头熬出来的精准感觉，意会能得几分，言传能得几分，而文字常常是难以曲尽其妙的。

有句俗话：美味的秘方就藏在厨师的围裙下面。

我从江河走来

刘　萍

初见面，几句话交谈下来，我听出了代修川口音中的重庆余韵，一问，果然，他的老家在重庆。

来凤镇，晓得吗？

就是“来凤鱼”那个来凤？

对头！

15岁之前，代修川都生活在璧山县来凤镇，一条璧南河穿镇而过，代修川就在河边长大。摸田螺、逮鱼虾，跟着外公吃大席，后来风靡川渝的著名鱼肴“来凤鱼”的发源地就是这个小镇。母亲是外公疼爱的幺女，幺女的幺儿代修川就是外公的小心肝。外公是个生意人，在镇上有人气有名气，交际广应酬多，吃九斗碗时身后总跟着这个小外孙。外公面子大，代修川受的优待就多，碗里的肉堆成了小山。直到上了中学，外公只要在学校大门外一招手，他就会溜出老师的视线，变身为宴席上的小客人，大快朵颐。

说起小时候，年过半百的代修川一脸怀念。他个子不高，但有一副标准的厨师身板：雪白的厨师制服下肚子微凸，高高的厨师帽下露出的耳垂颇为肥厚。

“我刚学徒的时候，才15岁，又矮又瘦，学白案，比案板高不了多少，揉面还得搭个板凳。师父说：‘娃儿，先揉三年面再说，揉得下来喃，你娃儿就成了。’”

代修川揉下来了，而且三年里偷师学艺，凉菜活儿曾惊艳了整个厨房。师父说：“娃儿嘞，你真成了。”只有代修川自己知道，见人就叫师父的嘴甜，凌晨三点就起床揉面的勤快，见缝插针的讨教，眼里有活是因为心里有梦，耳边还有母亲的担忧：这么调皮不好好读书咋办哦？还有外公给的自信：这娃儿从小爱吃，学个厨师，肯定能成！

代修川确实成了。如今他是中国烹饪协会职业技能竞赛的注册裁判、四川烹饪专科学校原创菜品研究员，获得了川菜功勋匠人奖。这些荣誉的背后，是他几十年来流下的汗水和艰苦磨炼的结果。

这款素燕狮子头，代修川此前私下请他的师爷试过菜，为啥请师爷？因为师父去了另一个世界。老爷子评价：还可以。

师爷何许人？中国烹饪大师、德阳名厨王世全，门下弟子无数。有了师爷的肯定，代修川心里有了几分底，他大手一挥，上来！

一团云雾被托举着飘然而至，云烟袅袅的托盘中，冰玉瓷盅若隐若现围合为一圈。雾气稍散，才看清里面正是主角狮子头。它安卧于半透明的“素燕”之上，浸

泡于淡褐色的汤汁之中，几粒晶莹剔透的鱼子酱点缀在头面，安详而自在。

先不说味道，单是这个出场亮相就让人很惊艳——莲藕拼成的假山，淡紫色的莲花，田田荷叶，云雾拉开的帷幔，都是狮子头的背景。它们烘托出了主角的身份：它来自大地上纵横交错的河道水网，它是烟雨山川的精髓，它，是河鲜。

代修川解释云雾效果是托盘下置放了干冰，宾馆菜嘛，有它独有的表现形式。我理解，这就是讲究个出身门第和标签，与街边摊档的风味菜有所区别，以精致的摆盘造型，标明矜贵的身价，有点锦上添花的意思。

这素燕狮子头吃进嘴里，第一口是江南，有扬州的温软；第二口是四川，有蜀地的清甜。鲜嫩的荸荠隐藏在嫩滑的鱼虾肉中，时时提醒你这声清脆来自涟涟水田。“桃花流水鳜鱼肥”，说的是食材的应时应季，尊重季节的饮食，因为顺应了自然，当然是最好的味道。鳜鱼和河虾都手工剁成细丁，太粗为粒，太细为末，均不合要求，这里面就有厨师下手的轻重缓急。那砧板上的节奏快慢还照应了后来狮子头入口的弹性。所谓匠心，原来正是从细枝末节处开始的稳扎踏实。

作为狮子头的温床而存在的萝卜丝，经过文火的煨制和高汤的浸润，已经半透明而软烂黏稠，确有几分形似燕窝。袁枚说：“燕窝，庸陋之人也，全无性情，寄人篱下。”因了高汤，粗陋的萝卜才算有了气质。它的朴素，中和了鱼虾肉带来的腻滑，把食客的肠胃安抚得恰到好处。至于高汤，代修川特意说明就是鸡汤，不过我从他叙述的鸡汤做法中，仿佛感受到《红楼梦》中茄子制作的繁复工序，总之就是一碗浓汤几经过滤，才得到一杯鲜得掉眉毛的透明开水，而开水里还会加入金花藏茶汁，至此，我才终于找到那时有时无的茶香出处。

传统狮子头的下油锅和红烧，在这里变为温柔的蒸。蒸，是煮的变形，一水之隔，便多出了很多美妙，云蒸霞蔚之后，最大限度地保留了鱼肉和虾肉的原味，河流水泊的神清气爽便迎面而来。这不是秘方，不是花活，只有分寸和火候，看似朴素的菜品，实际上蕴藏着深厚的基本功。

美食作家二毛说，中国的菜系往往跟着水系走，每条大的水系旁必然形成大的菜系。而川菜和江南菜同属于长江水系，其融合也符合这个规律，或者说两者融合会更加容易些。代修川这道素燕狮子头，是川菜的创新，也是淮扬菜的创新。

调元大排

dà pái

文人入戏，戏剧则繁荣。元代，文人大规模介入“杂剧”，杂剧在较短时间内即完成了上升为戏剧的过程，并达到了一种前所未有的繁荣状态。其审美意味、思想意蕴、人文品行，都从不同侧面阐释着中国美学的艺术境界。在德阳罗江，出了一位闻名遐迩的进士，此人便是李调元。李调元后来脱离官场，归居故里，潜心研究川剧和美食，可谓物质精神一把抓。他继承其父李化楠志趣，纂修《醒园录》，成为清代第一部由移民川人创制的菜谱，流传至今，影响至今。可见，文人入美食，则美食亦繁荣。

今人张有华先生，放弃20世纪80年代顶班享受“铁饭碗”的机缘，潜心研究美食，他汲取《醒园录》腌、煮猪肉的方法，兼顾蒜香排骨的制作手法，并加以提升和改良，创制出了一道新菜，取名“调元大排”。

蒜香排骨下料长度4厘米，调元大排下料长度15厘米；蒜香排骨采取调料腌制1～2小时，反复两次油炸的方式出成品，调元大排工序就复杂多了。

调元大排的制作，参照《醒园录》的处理方式，将生排冷水浸泡清洗、腌制，腌制时除了日常的调味品，又加草果、桂皮、香叶、八角、山柰等香料，然后蒸煮，使大排骨肉汤汁饱满，既避缩水，又免骨肉分离。经过反复试验，将排骨斩断为15厘米最合适，保证了排骨外观上的美感，骨肉黏合，“体型”修长。为了达到品质的鲜嫩度，张有华采用红曲米为排骨着色，使排骨在蒸煮熟透后依然呈现出一种粉嫩的肉色，这样在视觉上即给人以“鲜”的第一印象。

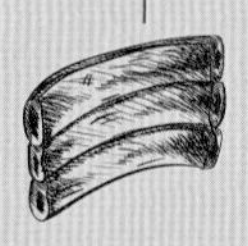

《醒园录》中说，“用蔗、米烟熏入肉内……肉香”，张有华也采用红糖入味。红糖性温味甘且回味悠长，又有健脾暖胃的功能，令食者心生暖意。为了增加其香味的丰富性与层次感，蒸煮之后的调元大排在油锅中沸腾翻滚1～2分钟出锅后，要裹上一层华丽的外衣。这层调料，除了食盐、味精、稠度可拉成细丝的红糖汁，还要加入老陈醋、白醋，微辣、中辣、特辣三种不同层次的辣椒熟油，以及大红袍花椒粉和香油，最后以白芝麻点缀其上，到达麻辣鲜香的高度融合与四季分明的状态，兼有南北风格的调和且互为补充。这道菜，不同地域的食客都能够调动记忆中儿时的味道，或麻，或辣，或酸，或甜。

故此，调元大排成为调元食府的坐堂菜，也有了走遍大江南北的底气和豪气。2018年，调元大排获得调元杯川菜厨艺大赛“最具文化奖”，而早在2007年，“德阳调元食府”就成为“中国餐饮名店”。

排骨这种日常的食材，炖、煮、清蒸、红烧皆宜。调元食府的张有华师傅则汲取清代美食家李调元《醒园录》中关于排骨的传统制作技艺，组合采用蒸、煮、炸的手法来制作这道调元大排。根据张有华师傅提供的用料与制作方法，读者可以磨刀霍霍下厨房一试。

采用主料是排骨。

配料采用八角、桂皮、老姜等。

调料有盐、醋、糖、芝麻、花椒面、辣椒面、蚝油、料酒。

先将排骨剁成15厘米左右长的段，用盐、八角、桂皮、料酒等腌制排骨两小时；清水焯煮，蒸锅蒸熟，再将蒸好的排骨下锅油炸得外酥里嫩。配料按比例调和成酱汁，将排骨在酱汁中来一个翻身，裹上浓稠的酱汁后一段段摆盘码齐，撒上白芝麻提亮，即可上桌。

张有华师傅融合自己对新式川菜的理解做出的这道调元大排，其色泽红亮、外酥内嫩、麻辣鲜香、糖醋提味，可谓色香味俱全，令见者垂涎欲滴。

大排风度

梅　冬

若想一解馋意，非去调元食府不可。

调元大排是调元食府的坐堂菜。说是坐堂菜，而不是招牌菜，我是故意的。招牌的说法，毕竟略失于稳重，而调元大排应是新川菜中出类拔萃的菜式，多以“坐堂”荣之。

调元大排的排骨下料的长度约15厘米。我很怀疑剁排骨的师傅是不是凭着刻度下手的，摆在盘里，那些同样15厘米长度的缀满缎面般瑰丽色彩的排骨，像身着曳地百褶裙的女子，正在完成一个风吹花斜的艺术造型。

在红曲米汤里浸染过的骨肉，本就带有肌理感，这使人有点想入非非，会联想到女子高挑的腰身。别人家的大排长度不过4厘米，在脑海中一对比，调元大排肯定是长腿的那种，就是站着不动，也是仪态婀娜。

凡排骨，必有一定的弯曲度。加上15厘米的长度，经过蒸煮炸三道高温，骨肉依然保持了最初的模样。特别是那种一根排骨上敷着一片薄如蝉翼的皮膜，又挂着一拇指厚度的肉如荡秋千的扮相，岂能让人不浮想联翩！

调元大排端上桌来，食客不由得竟站了起来。孔子所言“有盛馔，必变色而作”，与其说是经不住美食的诱惑，倒不如说是对一道名菜的惊羡，更是对制作者的一种仰慕。

一股红糖的甜香味扑鼻而来。没想到红糖的香味竟如此黏人，比花香厚重，比檀香粗犷，还有点丝滑巧克力广告的那种柔滑感。用筷子蘸取一点漂浮着粒粒白芝麻的金黄透亮的浇汁，放到舌尖上，甘甜，是红糖的糯感；淡淡的麻辣味，又分明是四川熟油辣子的香味，口感温柔醇厚。取一根排骨，咬一口上面的肉，牙齿接触到瘦肉的那一刻，似乎有一点脆响从齿尖传到耳朵里，马上又是柔软细腻的、汁汤饱满的感觉，很清纯的那种。此刻，骨肉分离得竟是这股轻描淡写！

同坐的唐先生，也说这个骨头真美，一头还有点脆骨，咬一口，像交了心，眼前的美食似乎有了灵魂。“尘世间没有庸俗的饮食，只有庸俗的饮食者”，这话是真有理。唐先生发现，嘬一口骨髓，味道是酸的。果真是的，那种比老陈醋略淡的酸味，是怎么浸入这个部位的，我想象不出来。也就是说，在浇汁里加入的老陈醋和白醋，在搅拌调和之后，是如何又暗藏于骨髓的呢？

一直觉得排骨上面撒炸酥的面包渣就很好吃了，也好看。但是，与穿着华服的调元大排比起来，就有点野蛮。**人家调元大排用的辣椒油里加上红糖汁，油炸后的大排趁热在汁里翻一个身，再撒上熟芝麻，色、香、味、型就高雅多了。**

调元大排有一种来自魏晋的风度，镇静自若、率性自然，虽经蒸煮油炸也身姿挺拔；旷达傲世、神韵潇洒，自带建安风骨的刚烈与华丽神采，借《红楼梦》里写林黛玉的一句话“却自有一段自然的风流态度”较为贴切。

原以为吃调元大排会是很豪放的，因为“大”。结果出乎意料，调元大排没有粗野之气，是个上得厅堂的雅士。在我们尝过酸味以后，辣味出来了，比最初的辣味更猛一点。这时候就想起应该来一杯酒，白的、红的、啤的都可以，还得用大杯或大碗，可大口喝，但不宜一饮而尽。

张总问，再点个什么菜。我们说，就这个就够了。一个菜，已经形神皆备、内外兼修。

我们常常在面对一桌酒席的时候，踌躇不已，不知道该对哪道菜率先下箸，皆是因为菜多，多反倒杂乱，失去了美感。日本有一种美学叫“侘寂”，是对富贵、华丽、烦琐状态事物的否定。传说，千利修在京都家里种了一大片牵牛花，丰臣秀吉听说了，想去看看，千利修就下帖子请。丰臣秀吉带着众人到千利修家，却发现全院的牵牛花没有了。丰臣秀吉怒气冲冲进屋，结果茶室里一个花瓶里插着一枝牵牛花，上面还带着露水。千利修为了丰臣秀吉赏花，独留一枝，然后尽毁，表达了这种别样的美感，即所谓“侘寂”之美。审美，不是满眼都是就肯定美，孤独一枝可能更美。就像此刻，我们面对一份菜——调元大排，就觉得已经足够美了。

我疑心“侘寂”美学是从中国传入日本的。比如流传至今的清供，大约起始于秦汉时期，在唐宋时期得到发展，在明清时期最为兴盛。最初源于佛前供花，后来发展为“清玩”，就是一种“侘寂”美学。

面对一份调元大排，不仅是“侘寂”美学的艺术性问题，竟不由得又想到“弱水三千，只取一瓢饮”的故事来。似乎，还不只是一种风度！

土豆回锅蟹

huíguō xiè

回锅，是将本以半熟或已熟的食材重新上锅再加工的烹饪方式。这种方式，好比酣飨后的士卒，虽然背靠背在假寐，但已然披上了铠甲，磨利了刀戈，只待将军一声令下，便会瞬间腾跃而起，投身激烈的战斗。回锅，须是滚烫的热油，快速地翻炒；锅与铲激烈交锋，菜与油火热厮缠；金戈锵锵，火星四溅；烈火烹油，煎燎滋滋。一番喤喤铮铮的收金鸣鼓声后，一道回锅菜便洋洋出炉。

回锅菜的“扛把子”非回锅肉莫属。宋人孟元老撰写的《东京梦华录》中所说的“爆肉”应该就是文字记载较早的“回锅肉”。四川的回锅肉相传源于清朝末年成都的一位凌姓翰林，将祭祖的熟猪肉切片复炒，又加入盐、花椒、酱料和蒜苗等，电光火石之间，一道软糯滋润、香味扑鼻的回锅肉就做好了。美味又快捷，这便是回锅菜成为四川民间最受欢迎的传统菜肴的缘由吧。

历史文明犹如滔滔大江，技艺的传承是滋养万物的流水。文化，永远以鲜活灵动的生命姿态生长；而创新，便是给传统文化注入新动力的汩汩活水。土豆回锅蟹，就是这样一道在传统回锅肉的基础上研发出来的“新派川菜”。

土豆回锅蟹将传统的猪肉用新鲜的蟹肉替代，在提档升级的同时一股大海的鲜味扑面而来。川锦酒楼的总经理张加江先生回顾创制这道菜的初衷时说，猪肉之于回锅，像是经典诗词里的上下句，朗朗上口，妇孺皆知；而蟹肉之于回锅，则是旧瓶子里装上了新酒，或如唐诗之衍生宋词，让人在熟悉中有了新体验的惊喜，又能在新体验里回味似曾相识的记忆。至于为什么采用“花蟹”，曾在香港美丽华大酒店学习，又在澳洲蜀香

坊餐饮任行政总厨的张加江先生说，在内陆蜀地让一只只裹挟着大海气息的花蟹爬上寻常人家的餐桌，是他的一个梦想。于是，一款融合川人口味的海鲜回锅菜便应运而生。

土豆回锅蟹的原料及制作方法

主料：花蟹2只、鲜土豆300克

辅料：蒜苗100克，姜、葱、蒜各10克

调料：郫县豆瓣50克、豆豉10克、红酱油10克、白糖5克、甜面酱5克、花椒5克、生粉20克、香油10克、孜然粉5克、色拉油100克

制作方法：土豆去皮切块先于调制好的汤汁里煮软，花蟹洗好后改刀成小块，裹上生粉。锅中放入油500克，烧制六成油温下蟹块炸熟起锅，再下土豆块炸至金黄备用；锅中留少量油（约100克），加入姜、葱、蒜、花椒煸香，接着加入郫县豆瓣、豆豉炒香，再加入蟹、土豆、少许红酱油翻炒，最后洒入蒜苗、孜然，淋上香油起锅。

火猛、油烈、手快，整个过程犹如迅雷裂空、疾风卷云，炸制的吱吱声、翻炒的锵锵声便是现代快节奏生活的交响曲，也是这道美食上场的序曲。曲终意未尽，好戏刚开始。回锅土豆蟹一出炉，闻之鲜香扑鼻，尝之香辣爽口，品之余味悠长，特别适合忙于工作又追求品质生活的你。不信试试？

花蟹入蜀记

吴小娟

清晨，海岸线的第一缕阳光刚刚映照这片水域时，一只睡眼蒙眬的花蟹从海里浮上岸，一路浮漾一路冒着调皮的泡泡。突然，一格格柔软的网线挡住了它的去路，它举起大钳子奋力夹剪，网丝柔软却坚韧，大钳子费劲全力却只剪了个寂寞。网格冥迷，不知西东，宇宙的尽头依然是卡壳的温柔丝线。突然，这片杳无边际的网格急速地收紧了它的散漫，一股神秘的力量将网高高悬起，将花蟹与海水剥离。

网越升越高，从未离开海岸线的花蟹顿时有种眩晕的感觉。俯瞰之下，原来海面这样的宽广和湛蓝，卷起的“千堆雪”竟是如此壮观……熟悉的陌生感喷薄而出，但都成为过眼云烟，因为偌大的海也渐渐缩小成一个点，渐行渐远，直至消失在地平线。

花蟹的精准降落点在川西平原的川锦酒店。蜀地的太阳似乎慵懒了点，此刻它才梳妆打扮露出红彤彤的圆脸。“海边的客人来喽！”一声高亢的川音将还在高空眩晕的花蟹一下惊醒，旋即就从冷藏箱滑入了大水缸。“还带着咸鲜的海水味儿！”张加江颔首微笑。玻璃水缸是扇透明的窗，裹着鲜泥的土豆，沾着露水的蒜苗，也都被齐齐地摆放在储物架上，然后在水池里透彻地清洗干净。“土豆回锅蟹，预备10份。”浑圆的土豆首先被去皮切块，投入调制好的汤料里煮软备用。翠绿的蒜苗被改刀成小段，一盘深绿浅白甚是可爱。“多鲜的花蟹啊！”“个头大，纯海味！”一片热情的赞美声中，花蟹听得云里雾里，再加上缓缓清水中厨娘温柔的洗刷刷，花蟹更是“梦里不知身是客”。一个爆红的人估计也是这种感受吧！接下来，花蟹真的要爆红了！

“堂1，回锅土豆蟹一份！”

烈火烹油，花蟹着锦。待金色的色拉油升到160°的时候，改刀成小块的蟹肉均匀地裹上一层雪白的生粉，之后迅速投入翻滚的热油中。也许有的生命就如烟花，绚烂即终点。被烈焰红唇亲吻过的蟹脚蟹身顿时泛起一层绯红，而热油的翻腾让裹了生粉的蟹腿更加香酥。恰到好处的美便是懂得见好就收。两分钟后，还在“滋滋”作响的蟹肉被捞入盘中备用，金黄中夹着些粉白与粉红，像阳光下朵朵半开或盛放的桃花。

蜀地的土豆，自带沃土里的香糯。人们对土豆的喜爱超越了任何形式和任何年龄，天蚕土豆、酸辣土豆、炖土豆、炒土豆、土豆粉、土豆泥……土豆表层易入味而内心依然纯糯，一口土豆里总会让你从外到内品尝到从浓郁到清淡的味觉变化，并由此生发“人生不过也是从繁华到本真”的透悟。今天的土豆，注定又会有一场新的体验。待油温重新升到160°，早已煮熟入味又恭候多时的土豆块迫不及待地跳入热油里接受新一轮的历练。高温使土豆块表层的水分迅速蒸发，热油的煎炸又使土豆表层凝结了一层金黄香脆的锅巴。起锅，入盘，待命。

回锅，顾名思义，是将本以半熟或已熟的食材重新上锅加工。回锅菜有个暖心的寓意——回味过去，迎接新生，未来会更美。一切准备就绪，现在开始“迎接新生”了。大火燎烤，老油热锅，蒜片姜丝先行爆香，花椒豆豉随后增味，紧接着川菜的灵魂伴侣“郫县豆瓣”倾情助阵——主角还未上场热烈的气氛就已掀起两丈，一锅调料就已让人垂涎三尺。现在主角登场了，淡粉的蟹肉、金黄的土豆纷纷下锅集结，如同渴慕已久的老友再相见，彼此拥抱、亲密交谈；紧接着香油、孜然齐齐助阵，一道“海纳大川”的新派美食在川锦的大厨手中华丽登台。文化和技艺葆有鲜活生命力就在于传承中不断有融合和创新。最后，当“海派”和“川派”正在热烈地交流时，蒜苗小姐款款而至，为这道以阳光的色彩为主打色的新派川菜添上了一道诱人的新绿。

入口香酥，微辣清甜，蟹肉细嫩鲜美，土豆皮酥内糯，海的清新与蜀地的热情依次在舌尖绽放。

“土豆回锅蟹巴适，再来一份！”

“不好意思，花蟹限量，明日请早。”

当明日的阳光刚刚从海岸线上露脸时，又会有一只只吐着海水泡泡的花蟹越过山川，带着咸鲜的海味再次与蜀中百姓见面。

文火笋松牛腩

niúnǎn

文火笋松牛腩，绵竹市东意达海鲜酒楼出品。

原料：牛腩、竹笋、自制中式奶酪。

2018年由绵竹市餐饮协会常务副会长、东意达海鲜酒楼总经理王小军研发。

王小军生于绵竹农家，初中毕业即拜师学艺，其初衷仅仅是当了厨师才有饱饭吃。王小军从业30多年，师从多位烹饪名师，善于在融合与创新中突出本地食材个性。

绵竹多竹，盛产竹笋，平民美食红烧牛肉更是常用竹笋佐配。王小军从肉松中得到启发，将竹笋擂烂做成笋茸，油炸而成，其形似肉松，其味有竹笋清韵，用之于牛肉界面点缀，与红烧牛肉的糯软交融，色味俱佳。

此菜另一特色是中式奶酪做的汤底，牛肉入口有淡淡的奶油味，是中菜西吃的成功尝试。

另外，精致的中式盖碗摆盘方式，符合美食美器的美学特征，一人份的分餐方式，也是健康生活的标志。

这款文火笋松牛腩，形聚而肉烂，浓郁入味，秘制汤底清香回甘，具有丰富的味觉层次，改变了川式红烧牛肉重口味的固有印象，味、形、器均提升了档次，是具有成熟形态的新派川菜。

写给故乡的一封家书

刘　萍

看王小军在油锅前操作，感觉他就像在绣花。

王小军，身高1.8米，高而壮；油锅，温度180°，热而灼。

一撮笋松此时正傻白甜地蜷在漏勺里，全然不

文火笋松牛腩

知数秒之后将下油锅。

王小军数次将手背靠近油锅，一试，略高，移锅离火片刻；二试，差强人意，复端锅上灶；三试，正好。

下锅，吱啦啦的一阵爆响，刚才还白幼瘦的笋松一下子蓬松膨胀如丰盈少妇，金黄灿然，油润鲜亮。

接下来，这金黄蓬松的一团，被王小军用筷尖轻轻拈起一小簇，放在寸半见方的丰腴牛腩上。这锅牛腩，事先已经过三个小时以上的文火煨制，软糯鲜香，它已迫不及待地等待着这画龙点睛的一刻。而笋松，作为东意达海鲜酒楼名菜的文火笋松牛腩头上的一顶桂冠，最先接受食客的惊喜错愕：这，是笋？

是的，它是笋，是绵竹的“竹”之幼体，之萌芽，在成为“松”之前，它确实是笋。细嫩白肥，经过菜刀精心又粗暴的按压，注意不是切，用四川话说叫“擂”。它变成了笋茸，再经过清水淘洗，只留下纤纤弱弱的细丝。经过油锅的洗礼后成为笋松，对，肉松的松，就是那种像丝绒一样蓬松酥细的“松”。

现在，这个笋松，如同皇冠点缀着酱香浓郁的牛腩，而牛腩，则被凝脂般的中式奶酪底汤托举着，玉体横陈于中式盖碗里，安静地等待着客人，一场美好的舌尖约会就此开始。

打开这道菜的正确方式是，先拈起笋松，品尝它的清香和酥脆，再把牛肉饱蘸底汤，入口，既有牛肉的劲道酱香，又有淡淡的奶油味道，味觉层次的确够丰富。文火煨煮过的牛肉，金黄酥脆的笋松，和中式奶酪相互交融，达到了你中有我、我中有你的境界，这应该是一种复合味型吧。

显然，这道文火笋松牛腩是东意达酒楼的大制作。

除了笋松制作过程的繁复，被王小军命名为中式奶酪的底汤，也有一个劳动密集型加工过程：糯米浸泡一夜之后，磨浆，加入牛奶和淡奶油，熬煮至沸；其间，顺着一个方向的搅拌不能停，直至米浆半凝为膏脂状。对了，别忘了，还要放盐。盐在一切食物料理中是一个伟大的存在，作家陆文夫在小说《美食家》中，借主人公朱自冶之口，给苏州的名厨们讲了两天课，只有一个内容，就是一定要记得放盐。

有了笋松和中式奶酪的加持，东意达酒楼的牛腩既有川菜特色，又略带西餐风味，在食客中有了不错的口碑。王小军介绍，这款牛肉的制作并没走寻常路，而是大胆取消了川式红烧牛肉惯用的红油豆瓣，改变了它重口味的形象。浓油赤酱的红烧牛肉，通过这道文火笋松牛腩有了新颖的创意，由粗犷到婉约而细腻，不得不说，是红烧牛肉内在气质的提升。难怪，在绵竹市的餐饮比赛中，这道菜屡屡获奖。

王小军自创的这道笋松牛腩，关键在于笋松和中式奶酪的制作，东意达海鲜酒楼的厨师基本上都得了他的真传，能做出几可乱真的“王氏”风格，这不得不令人生出几分感慨。餐饮江湖上多有门派支系，能够把厨师队伍调教为善战之师，是对此处管理水平一个强有力的考验。古人就把治庖和治国相提并论，看来王小军深知用人和治庖之道。走进他的厨房，除了熊熊炉火的呼呼声，听不到厨师摔盆子打碗，只有排列得整整齐齐的盘碟刀具，备菜、清洗、烘烤和煎炒蒸煮，区域划分明确。厨师们系着干净的围裙，动作有条不紊，从大堂就可直视的半开放明厨，给了食客们无比的安心。

王小军身形高大，眉浓，目大，看似粗犷，对待食作却很细腻。他的酒楼善烹海鲜，着重一个“鲜”字。他直言不喜欢眼下红极一时的预制菜，因为“没有锅气”。而混杂着后厨的忙碌声响和沸腾热力的“锅气”，才是中餐的灵魂。王小军看重锅气，看重菜中的灵魂，他说他的酒楼没有科技狠活，只有实打实的口感，那就是食材的质量和厨师的手艺。

有人说，在杭州吃到地道的“龙井虾仁”，舌尖仿佛抵达了苏堤。而在以竹命名又盛产竹笋的绵竹，吃到这道笋松牛腩，我们能体会到，这是一个绵竹厨师写给故乡的一封家书，其中有一个餐馆学徒的青涩，一个成熟大厨的欣慰，还有一个餐饮业经营管理者的思考。五味调和，用技艺和心思作为汤底，用创新作为引线，在引爆人们味蕾的同时，也给新派川菜的探索引入借鉴——川菜不只姓“川”，就像见山不是山，比见山只是山，更令人回味。

纹江鳜鱼

guìyú

纹江鳜鱼，传统的做法少不了清蒸、红烧或灌汤等等，但这些味道都不足以表现川菜的独特性。川菜的代表技法是干煸和干烧。

纹江干烧鳜鱼创制人是中国烹饪大师、德阳首席技师、德阳四汇新德大酒店有限公司行政总厨权志成。他也是德阳权志成技能大师工作室领衔人。

俗话说三百六十行，行行出状元。厨房也一样，古代就有由厨入政的名臣伊尹，是殷商开国君王的丞相。只要你有经天纬地之才，或只要你足够专，星光大道上你照样能占一席之地。出身中江农村的权志成，19岁招工进入德阳大酒店（今新德大酒店）当服务员。他说自己对厨房的热爱始于他当时的师傅、如今的市美食协会秘书长卢仁成。他发现师傅做的那些菜肴好吃又好看，就像菜单上那一手极漂亮的字，个个有滋有味，原来做一个厨师这么好玩。兴趣让他从跑堂服务员走进了厨房。

权师傅说，为了满足川内老饕们的需求，更为了来德阳的川外客人们体验一口地道的川菜，他充分利用纹江鳜鱼得天独厚的食材条件，以及川菜中对于豆瓣和辣椒的讲究，研发出了这道干烧纹江鳜鱼，被选为四川100道省级天府名菜。2000年凤凰卫视走进德阳，时任德阳大酒店总厨师长的权志成特意安排了这道文化名菜，鲜香地道的川味特色使得著名学者余秋雨先生大加赞赏。

这道菜相比传统的干烧，川菜的特点得到进一步的升华。一般的干烧鳜鱼辅料采用的是干辣椒和芽菜，但干辣椒皮经不住烹，到头来像个有勇无谋的莽夫，留下来的只有辣，没有口感，芽菜易发黑，观感也差。权师傅后来采用小米椒和大头菜，就像找准了钥匙，打开了

真正的川味之门。制作工序方面，之前是把油炸后的鱼和配料简单地在锅里小焖一会儿，后来为了最大限度发挥川菜特性和食材活蹦乱跳的风味，他发明了对鳜鱼首尾两炸中间煨的方法，成菜后的干烧鳜鱼肉质细嫩鲜活，酥脆可口，香辣的口感与柔和的酥嫩完美相融，一人一条，整条呈现，地道川味。“吃鳜鱼，遇贵人，吃鳜鱼，享富贵”，这是吉祥菜品。

干烧纹江鳜鱼的原料及制作方法

原料：新鲜鳜鱼每条约150克，再以白白的杏鲍菇、绿绿的二荆条、红红的小米椒、半熟的五花肉、脆香的大头菜相佐。这些原材料能在色香味上让川菜个性恣意飞扬，让清冽水中出身的鳜鱼充分释放淡水鱼界一线巨星的风采。

配料：泡姜、泡辣椒、花椒油、香油、酱油、料酒、盐、白糖、味精鸡精、花椒面、豆瓣酱、老干妈酱、椒麻鸡汁、二锅头、啤酒。

制作方法：鳜鱼洗净剖后斜切花刀，放入姜片、葱、料酒、啤酒、二锅头、盐、适量水来码味。二荆条切成小颗粒，小米椒切成小圈圈，大头菜、杏鲍菇、五花肉切成小丁；锅内烧宽油，油热入鳜鱼，炸好即捞出。然后放入提前准备好的汤料锅中，火开后转小火，慢火煨八分钟；其间锅内放适量油，依次加入杏鲍菇、五花肉、大头菜进行翻炒，辅以适量的红油豆瓣、老干妈酱及少许酱油，炒好后盛出备用；时间一到即用漏勺从没有任何香料的自制汤料锅内捞出鱼，沥干，二次入油锅，炸好捞出摆盘；炒好的配菜再次入锅，添入二荆条、小米椒、盐、鸡精、味精、鸡汁、花椒油、酱油等，稍稍翻炒迅速出锅。

最后，将盘中鳜鱼淋上香油，加上配菜，撒上葱花和花椒面……

才下舌尖 又上心头

方 兰

习俗有言，无鱼不成席，可见鱼在宴席中的地位。《诗经》里有说“吃鱼，一定得是黄河里的鲤鱼。”在我国能与黄河鲤鱼相提并论的淡水鱼不多，而鳜鱼自然榜上有名。作为水中佳肴，它经常出现在几大菜系中，如徽菜臭鳜鱼、苏菜松鼠鳜鱼、鲁菜醋椒鳜鱼等。但咱们川菜中也有一道让人吃了还不想走的美食——纹江鳜鱼。

我们一边目不转睛地看权师傅给洗净剖好的鳜鱼身上拉花刀码味，一边听他讲纹江鳜鱼的传说。

纹江，德阳市罗江境内最长的河流，又称罗纹江或罗江，河水清冽透明。古时江中有一种奇特的鳜鱼，肉嫩而饱满且刺少，味道鲜美，是宴席上的贵族。它是从何来的呢？据说这里还有个有趣的故事呢！当年李调元在广东任职时，有次在朋友家做客，吃到了一道鳜鱼菜，他赞不绝口非常喜欢。朋友便带他到池塘看鱼，对他说道：“咱俩来玩个对对联游戏，如果你赢了我亲自把鱼苗给你送到家里，怎么样？”李调元欣然应允。“青草塘内青草鱼，鱼戏青草青草戏鱼”，朋友说出上联。李调元想了半天未能对上，十分惭愧。但李大才子怎会轻易放弃呢？后来有一天他到郊外踏青，突然见到一垂髫少女在油菜花丛中游玩，顿来灵感“黄花田里黄花女，女弄黄花黄花弄女”。于是朋友亲自送来一千八百多尾鱼苗，李调元当即命人快马加鞭送回老家倾入纹江。从此，鳜鱼在清澈的罗江水里开始繁衍，如今成为农业部德阳市罗江区的“国家地理标志产品”。

故事讲完了，但他手上的“神话”才刚开始。几十年如一日，权志成埋头在厨房里摸爬滚打，因此他与手中形形色色的河鲜犹如和谐的君与臣，在他一锅一铲的调遣之间，食材调料们心甘情愿地唯他马首是瞻，变成让人垂涎欲滴的佳肴。

为了让这道干烧鳜鱼“坐有坐相站有站姿”，吃起来还有丰富的层次感，他像打扮出嫁的新娘一样，先在油锅里给鱼滚一遍定好型，再把它放入自制的、没有任何香料的汤料锅里煨。这期间则为鳜鱼准备着精美的“配饰”：切成小颗粒的二荆条，戒指型的小米椒圈，丁状的大头菜、杏鲍菇和五花肉等，油热后扔进杏鲍菇炒熟盛出。锅内留一点油，加入红油豆瓣和老干妈，再搁入半熟的五花肉进行翻炒，舀少许德阳酱油，再依次加入杏鲍菇、大头菜、青红椒等。至于葱、姜、蒜这三大中餐御前卫士，在干烧中更是必不可少。当它们的辛辣与加热的油脂相遇时，激发出的强烈浓香，足以唤起人们大快朵颐的欲望。

当鳜鱼在汤料中完成了八分钟的慢煨，就像新娘完成了一个从少女到女人的仪式，它成熟了。但是为了让它更具质感，最后再过一遍油锅，这一次是专为舌尖定制的炸，外酥里嫩，还未入口，不动声色的胃早已醒来，化成了澎湃的口水在喉间蠕动。待师傅将香油一淋，花椒面一抖，把炒好的配菜一铺，葱花一撒，好了，感觉味蕾和眼睛一样，直奔主题，先吃为快!

常言道：物贵者器宜大，物贱者器宜小。新派川菜对形制美很有讲究，正如这道干烧鳜鱼，权师傅为它定制了专属器具——一套银白色的双层侧壁有孔盘的、底备灯可持续保温的精美陶瓷。金黄酥脆的鳜鱼静静卧在洁白美丽的“深闺”中，鱼身上面铺陈着五色珠丁，还未凑近，麻辣干香之鲜已如磁铁牢牢吸住鼻尖。啧啧！如此佳肴应当先见摄影师，让它的芳容在时光里被永驻。待镜头闪过，我们急忙举箸，轻轻拨下一块穿珠戴彩的鱼肉，入口那一瞬，我们的眼睛如“啪”的揿亮的灯泡！舌尖上的神经都被激活，好像一撮鱼料入缸，沉睡的鱼儿们摆着尾蜂拥而至。那个香，那个鲜，那美妙的感觉直接打通了身与心的味觉记忆。

清乾隆时期的美食家袁枚说过，高明的厨师做出来的鱼，应该临吃时还是色白如玉、内凝而不散，这种肉是活肉；若色白如粉、松而不黏，则为死肉。他对吃的看法集中在一个“点”上：新鲜食材，要用优质的烹饪之法，合适的火候，合理的搭配，最大限度激发食材味道。这正应了厨房里那句经典名言“有味使之出，无味使之入”。此时，我对吃的看法都集中在舌尖上，就像儿时的韩愈点一盏烛灯装满了屋子的故事，小小一块鱼肉爆发的能量，让饱满丰富、层次感分明的浓香瞬间溢满了我的口腔。我好像听见鱼儿入锅时泛起的嗤嗤声，却又不像，回过神来才发现这是从我们舌尖发出的欢欣，嘎脆嘎脆被美食掳去了矜持的欢笑声。

“每一个来吃这道鳜鱼的客人，最后手里都只剩下了一副鱼骨架。”权师傅的内敛中不乏自豪。他这一说我们才发现自己盘中这条干烧鳜鱼，已是光秃秃的骨架，而我们嘴里还在嗞嗞翻动的，是焦脆干香的鱼尾巴！我们就笑。是的，没想到，鱼尾巴我们也没放过。它不是蜡烛也不是春蚕，但照样给人“鱼尾成灰香犹在”的舌尖感动。

把骨头都嚼来吃了，友人咂巴着嘴由衷地夸：“您真正做到了让骨头都是香的。”“越光盘我的成就感就越大”，权师傅见惯不惊地笑。他刚到知天命的年纪，两鬓已现白发，但柔和坚定的眼神似乎从没变过。他说，重庆有辣子鸡，眉山有东坡肘子，自贡有冷吃兔……**来我们德阳，还有这张德阳美食名片，一道才下舌尖又上了心头的历史文化名菜——纹江鳜鱼。**

小自在鸭汤泡饭

yā tāng pàofàn

肉里有一种奇妙的东西，它让全世界的人都对动物蛋白质极为热爱、上瘾，尤其是肉食爱好者，对于油脂，就像爱情里的荷尔蒙驱使着他的味蕾去奔赴，甚至有科学家认为是食肉让我们成为人类。在几十年前的中国，饥饿写入我们的命运深处，那个漫长的农业时代，人们的生活艰苦，常常听到有人讲述自己童年时期生活的贫瘠与苦难，对油脂的深切缅怀，对猪油渣的热情回顾……

德阳小自在中餐馆老板邱大富，身材高大挺拔，相貌年轻，看不出来是个七零后，更不会想到像他这样的独生子小时候生活也贫苦，对猪油和猪油拌饭充满眷恋。正是因为对童年时母亲做的“油油饭”念念不忘，2019年，他创制了一道新菜“鸭汤泡饭”，名字普通，成菜工序也不复杂，但其中的主料食材以及烧制时间等就不容小觑了。

每一只鸭子都是从湖南订购运回的土麻鸭，且生长期不少于400天；米饭是东北大米中叫得响的五常大米；水是农夫山泉，甚至连蒸煮用锅也是有讲究的。精选调料姜片、大葱、干辣椒、豆瓣酱、八角、山柰、桂皮、蚝油、鸡精、秘制酱料等，烧制方法传统，但慢火烹制长达两个小时以上，非一般的红烧肉鸭可比。这道菜对食客有不满意退货的承诺，并且白纸黑字落于菜单上：鸭不正宗可退，味不正宗可退。邱大富让这道鸭汤泡饭在装修完毕的城北新店上桌，一经推出，即获如潮好评，如今这道鸭汤泡饭已经成为德阳饮食界的翘楚。

儿时的“油油饭”卷土重来

方　兰

吃是中国的一大文化，鸭肉养胃生津，是民间公认的补虚圣药。中国人养鸭吃肉的历史自古有之，公元6世纪北魏科学家贾思勰的巨著《齐民要术》里就有烹制鸭子的记载。明清时期，鸭子的吃法花样繁多，如明代的“便宜坊”烤鸭、驰名中外的全聚德烤鸭等。

这道鸭汤泡饭的主材是湘西土麻鸭。开馆子的邱大富没事就爱四处寻美食，有次走到湖南，华灯初上之际，肚子饿得咕咕叫的他钻进了一条美食巷，一道吊锅老水麻鸭如前世的情人一样，落入了他的眼……吃过之后从此念念不忘，这道菜钻进了他的胃，他的心。邱大富是老板也是厨师，但他这个厨师很特别，因为他从没拜师学艺。他坚持自己的观点，那就是最好的厨师不是出自科班，而是来自美味，来自创意，来自爱。这道鸭汤泡饭就是他从湖南移植过来再融合自己的创意，做出的最得人心的私房菜。作为一道新派川菜，它的背后是儿时“油油饭”的爱，是用心的创意延伸。无论到什么时候，在什么地方，也不要忘了，饭，才是我们健康人生最初的、最大的保障。

他宽敞亮堂的店饰布局中，一眼就把我吸引住的不是那令人垂涎的百多道佳肴照片墙，而是吊顶灯下几个简单的字：带着爱，用心做饭。其中的“爱”“心”“饭”三个字是红色楷体字，庄重之意尽显。

来到厨房，邱老板自豪地让我们看主食材，那黑褐色的鸭喙和鸭蹼确实巴适，妥妥的土麻鸭，身形健美，肌肉紧实，我敢保证喜素的人看了也会起蠢蠢欲“啖”之心。

这是湖南老水鸭，我们也叫它稻田鸭，杀好后只有1.8~2.3斤重。邱老板介绍道，他们采用一种特殊的包装与储存方式，让鸭子从湖南运到店里依然保持现杀的新鲜形态，并且为了保证品质，因鸭子的烧制时间长，所以一般是提前“预制”妥当，当然懂的都懂，此预制菜非彼预制菜。这样就能保证食客点单后，会很快出菜。

民间有处暑吃鸭子的习俗，但是这道鸭汤泡饭则无此说，一年四季均能熨帖人心。此刻，当一口容量不小且精美的砂锅端上来时，老板徐徐揭盖的一刹那，汤色鲜亮金黄的整只鸭映入眼帘，几个小时前各种食材酝酿积攒的浓香勃然涌出，席卷着我们的嗅觉。老板让厨师给盘底的炉子点上酒精块，一边陪着我们坐了下来。“快尝尝，”他给我们每人夹了一块鸭肉说，“中餐的烹饪中有一种常见的工艺，叫作勾芡，也就是浇淀粉糊，使菜肴汤汁浓稠，但是我们这个鸭子它的最大亮点之一就是从不勾芡，选用大火收汁，这样会充分析出鸭子的原汁原味，汤味也更加醇厚。”鸭肉沾唇那一刻，我理解了他为什么敢在菜单上写上承诺。这何止是满口生津啊！鸭子把自己完完整整地展现出来，用它的鲜香、饱满、弹性告诉食客们：这才是鸭子的本色，鸭子纯正的味道。有人会问，难道没有鸭子的腥臊吗？你想多了，那种肉鸭子在这里是没有容身之地的。

中餐向来以善于激发和完美混合各种食材的味道而著称，瘦而不柴的鸭肉香在舌尖上狂飙之时，一种干净热情的辣味在其中若隐若现，慢慢升起，味蕾又来一个高潮。一问，原来这是盘中打底的湖南螺丝椒，身未现味已至，绝！不愧是吃辣圣地走出来的，这种专注、尖锐而清爽的辣感，配合性格温柔、老少皆宜的冬瓜片，让人沦陷其间。

这个时候老板给我们盛上了两碗米饭，用小勺往米饭上浇金黄澄亮的鸭汤。说到泡饭，我想到在中国古代秦汉之际，米饭的又一种新吃法，早上人们把蒸熟的米饭先吃一半，另一半铺开，在阳光下晒干，傍晚回到家后，干米饭泡水，配一些腌菜，晚饭就有了。汉代人的一日两餐，早餐叫饔，晚餐叫飧，这就是当时日出而作、日落而息的普通百姓的生活。眼前这碗鸭汤泡饭，让人恍惚有了“从前慢”的穿越之感。晶莹剔透的米粒玉般光润，入口软糯，与油亮亮的鸭汤拌在一起，变成一种佳肴在舌尖绽放，一种带着记忆的浓香唤醒了味蕾，也唤醒了周身上下所有神经。**那种记忆里是乡愁，是童年小嘴的咂巴咂巴，是在田间河沟奔跑嬉戏的鸭子嘎嘎的清脆叫声，是我们上房揭瓦、下河摸鱼的成长，是母亲端给我们的猪油拌饭的滋味。**

袁枚的《随园食单》告诉我们，食之道，浅而深，简而博，先民深知稼穑艰难，因此珍惜每一味食材，努力将吃发挥到极致，这是对自然的尊重，对生命的尊重。一世长者知居处，三世长者知服食。懂吃，才是完美的人生。

中江坨坨鱼

tuótuó yú

“不吃一盘坨坨鱼，枉自到中江。”不论你走过路过还是做客中江，没有吃一盘坨坨鱼，没有让那酸辣麻爽的滋味在你全身奔涌一回，总会留下或多或少的遗憾。

中江坨坨鱼是一道家常的传统川菜，由什么人在什么时候、什么环境下研制而成，无可考证，相传来自民间码头世代打鱼的艄公。一湾凯江从四川省安县龙门山余脉之麓奔腾而来，流经安县、罗江县、中江县，经三台县潼川镇汇入涪江，一路蜿蜒而去。居凯江中段的中江占据地理位置优势，水质优良，河内鱼虾肥美，养活两岸不少世代以打鱼为生的人。各家各户在打鱼间隙也互相切磋烹鱼技巧，逐渐形成风味独特的船家鱼肴。坨坨鱼便为其中最受欢迎的一道菜。就一瓢凯江水，取自家打的草鱼、鲤鱼、白鲢、花鲢等，辅以大蒜和坛子里泡了一年以上的老酸菜、泡椒、泡姜，把它们放在一起红烧。刚出锅的鱼色泽红亮、肉质细嫩、酸辣爽口、营养丰富，无论佐酒还是下饭，都是绝佳的菜肴，让人一吃上瘾，从此念念不忘。随着时间的推移，坨坨鱼逐渐由渔家厨房登上大雅之堂，成为各大酒店及饭馆的招牌菜，招待八方来客，深受食客欢迎。芗朴鲜土菜馆在第六届中国国际美食节上，以一道色香味俱全的坨坨鱼捧回金奖，也算给了它一个名分。

坨坨鱼的原料及制作方法

主料：花鲢

辅料：大蒜、泡椒、泡姜

味型：酸辣味

烹调方法：红烧

特点：色泽红亮、鱼肉细嫩、酸辣爽口、营养丰富

制作方法：鱼去鳞、腮和内脏，洗净切2厘米见方的块，码味上浆备用；大蒜去皮，洗净去两头，拍破备用，泡椒和泡姜剁细；芹菜和小葱分别洗净切成1厘米长的节；锅置火上，1000克菜油烧至六成热，下鱼块炸至紧皮后将油控净；锅里下猪油150克，烧至五成热时下泡姜、泡椒、大蒜炒香，出色时下鲜汤，烧开后下调料、辅料，待鱼肉入味时勾芡起锅装盘即成。

营养价值：富含维生素A、铁、钙、磷、镁、叶酸、维生素B2、维生素B12、丰富的蛋白质等。

文字仅仅为书面的热闹，要想真正吃其肉、品其味、感受其神韵，非得找一家店坐下来，抛却外界一切，清亮亮地高呼：“老板，来一盘坨坨鱼，多点泡姜……”

纵横江湖　难舍一盘坨坨鱼

唐雅冰

国人有一条不成文的习惯，谁家有孕妇，只要家庭条件允许，桌上必会变着花样出现各式各样的鱼，什么豆腐鲫鱼、红烧鲤鱼、清蒸鲈鱼、软烧花鲢鱼……反正鱼头、鱼肚、鱼脊不断携带各种调料浓妆艳抹闪亮登场，入了孕妇肚，仿佛也就转化成了腹中胎儿身体的一部分。婴儿长到几个月大进辅食前有一个开荤仪式，由家族中德高望重或学识渊博者，用筷子头蘸一点饭菜喂婴儿，其实也就是象征性的让婴儿舔一舔，可能味道都没有尝到筷子就拿开了。反正必须经过这一道仪式后，才能给婴儿添加各类辅食。主持开荤仪式者就会瞄定菜肴下筷，筷子到了婴儿嘴，红包到了婴儿怀。于是乎，人们见谁家小儿聪明，往往在夸奖之余会补充一句：“他（她）妈妈怀他（她）的时候鱼吃得多，开荤吃鱼整对了的。”鱼就这样与智商挂上了钩，至于可信度有多高，无从考证，但鱼富含叶酸、维生素B_2、维生素B_{12}、维生素A、铁、钙、磷等，这可是经过了严格检验的。

我们的祖先傍水而居，逐日劳作，在与大自然的斗智斗勇中顽强生存，觅食往往是生活的主要内容。江河湖海中捕之不竭、食之不尽的鱼类自然就融入人类的生活中，从最初仅是简单的果腹到逐渐演变成餐桌美食，一切顺理成章。当然，对鱼的烹饪也就逐渐演变为一门艺术。

其实，食鱼大有讲究，相同的鱼通过不同的人、不同的方法、不同的心境烹调出来，其味道有天壤之别。既可腥臭得让人嗅之作呕，也可闻香垂涎三尺。记得一年暑期，笔者与一众好友逆黄河而上，任性一回自驾万里华北行。沿途风光美得让人应接不暇，美食自然也不愿辜负，每到一处，观景后必寻觅当地特色美食。一日正午，走走停停间见一路边饭馆门庭若市，等着吃饭的人排起了长队，旁边立着

一块一人多高的醒目招牌菜名“炖烧黄河大鲤鱼”，一行人眼冒金光、脸露喜色，异口同声道：“就吃它了。”于是把排队人群当作一道风景，心甘情愿成为风景的一部分。选几条肥硕又活蹦乱跳的大鲤鱼，瞪大眼睛看着工人娴熟地去鳞去腮去内脏，断骨不断肉切块，拾掇好后交给胖厨师。那胖厨师斜眼乜我们一眼，一声：“站开点，小心溅油。”便兀自埋头倒油，加葱、姜、蒜、干辣椒，煸出味道后将鱼入油锅，再加水、盖锅盖，一阵大火之后小火慢炖。近一个小时，等得我们心中毛焦火辣，馋得我们喉咙里快要伸出手来，终于等到一大盆鱼上桌。一席人顾不得形象，来不及谦让，瞄准大块鱼肉举筷。鱼肉入嘴，节奏瞬间慢了下来，大伙你看看我，我看看你，“肉质老了点，吃起来有点木。”“味道大了点，除了咸还是咸。”“品相丑了点，看起来就一盆大杂烩”……一顿满怀希望的饭，结果吃得兴趣索然。在后来的旅行中，沿途还吃过好几道不同做法的鱼，不过总感觉少了点什么，人仿佛也蔫了些许。

半个月的“浪迹江湖”，耍过了、看过了、吃过了，终点又回到起点，一下高速，不管时间已晚，众人皆高呼：“要吃香的！要喝辣的！”轻车熟路直杀饭馆，服务员正收拾餐桌准备打烊，甩过来一个为难的表情。赖不过我们软磨硬泡，加上是回头客，从跑堂的到大堂经理再到厨师，看脸彼此都似曾相识，于是心甘情愿为我们加班一次。“旅行团长”右手食指敲着菜单上的坨坨鱼，霸气地说：“来两份，要大盘的！”自是引来一阵哄笑。得知我们从万里之外风尘仆仆赶回来，急于尝尝家乡的味道，第一大厨欣然挽袖戴帽系围裙，亲自上阵。瞅准一条五六斤重的花鲢，拿出中国女排扣球那稳准狠的气势，一刀背敲下去，趁鱼晕晕乎乎还没有反应过来之际，三下五除二将鳞、腮、内脏清理干净，洗净切成两厘米见方的块，码味上浆，只见裹了一层调料的鱼肉还在一弹一弹轻轻颤动。准备停当，置锅点火，倒入中江本地产的纯菜油，烧至六成热后下鱼块，炸至紧皮后将油控净，鱼块起锅待用；重新在锅里下猪油适量，烧至五成热时下泡姜、泡椒、大蒜和豆瓣，炒香出色时加入鲜汤，下鱼块、辅料，待鱼肉入味时加醋勾芡起锅装盘。整个流程一气呵成，从杀鱼到起锅，刚刚半个小时。

圆圆的桌子上摆着圆圆的大白瓷盘，圆圆的白瓷盘内，黏稠的、色泽红亮的汤汁中坨坨鱼纵横交错，鲜红的碎泡椒、黄色的碎泡姜、白色的蒜瓣、一厘米左右长的白芹菜段和绿小葱段，还有霸道入侵鼻翼的浓郁香味……如此熟悉，如此勾魂。迫不及待地举筷夹鱼入嘴，火候恰好，鱼肉刚熟，肉质细嫩，入口即化。那熟悉的辣、熟悉的麻、熟悉的酸、熟悉的香，一切都是熟悉得不能再熟悉的味道。一阵风卷残云，一盘坨坨鱼入腹，仍意犹未尽，连残汁也不肯放过。煮一碗白水韭菜叶面，倒入汤中搅拌均匀，随着耳际“哧溜哧溜”声的此起彼伏，最后只剩了个餐盘空空如也，旅途所有遗憾与疲惫也消失殆尽。

话说伍城魁山脚下有一芗朴鲜土菜馆，董事长陈志勇的各级烹饪大师头衔一长串，偏偏对坨坨鱼情有独钟，想方设法进行改进，内化其品质，外塑其形象，硬是将一道江湖菜打造包装成特色新派川菜。他在选料的各个环节严格把关，鱼是活跳的花鲢，泡椒、泡姜必定自己亲手秘制，再加少量小米椒剁碎提味，醋是山西醋，汤是熬制许久直至变得雪白的骨头汤，新鲜大蒜、芹菜、小葱做辅料，不再加任何味精、香精之类，确保其味道的鲜香纯正。起锅时几粒葱花、几根绿油油的莴笋尖做陪衬，精美的外衣一穿，瞬间提升几个档次。陈志勇携之过五关斩六将，在第六届中国国际美食节上一举摘得金奖桂冠，一时成为餐饮界美谈，引得四方食客趋之若鹜，只为一睹其芳容，一品其味道。且看桌上，中间椭圆长条白盘中，一坨一坨的鱼顶着葱花浸润在黏稠汤汁中，你不暗自吞咽口水算你定力强。再看四周，根据人数多少摆放着一个个洁白的陶瓷盅，揭开盖子，正中一块细嫩的鱼腹肉，旁边一根青油油的菜尖，下面是倒扣的一勺米饭，饭的表面浇了一层油亮亮的坨坨鱼汁。传统吃完鱼后的鱼汤面变成了同步鱼汤饭，那色香味，啧啧啧，请原谅我词穷。

纵横江湖，终甩不脱对那一盘坨坨鱼的思念，馋虫腹中作怪，无论身在何方，返乡的路就在脚下。对了，如果你路过中江，别忘了品一品正宗江湖菜，而今改良后的新派川菜——坨坨鱼，至于中江坨坨鱼哪家最强，也许多吃几家你就会发现：原来都是那个勾魂的味。